海国图腾

# 海上巨无霸——航空母舰

牛建军　赵斌 编著

中州古籍出版社

图书在版编目(CIP)数据

海上巨无霸——航空母舰 / 牛建军, 赵斌编著. —郑州：中州古籍出版社, 2014. 6

（海国图腾）

ISBN 978-7-5348-4219-1

Ⅰ. ①海… Ⅱ. ①牛… ②赵… Ⅲ. ①航空母舰—介绍—世界 Ⅳ. ①E925.671

中国版本图书馆 CIP 数据核字（2013）第 074185 号

出 版 社：中州古籍出版社

（地址：郑州市经五路 66 号　邮政编码：450002）

发行单位：新华书店

承印单位：北京柏玉景印刷制品有限公司

开　　本：710mm × 1000mm　1/16　　印　　张：13

字　　数：172 千字

版　　次：2014 年 7 月第 1 版

印　　次：2014 年 7 月第 1 次印刷

定　　价：28. 80 元

# 前言

航空母舰的出现堪称人类战争史上的奇观，它使传统的海战从平面走向立体，从而诞生了真正意义上的现代海战。强大的航母编队集防空、反舰、反潜以及对岸攻击的作战能力为一体，海战中航空母舰是足以与核武器比肩的战略性武器，是可以为国家利益做出特殊贡献的“海上霸王”。

本书以文字的形式详尽介绍了航空母舰的历史、发展及未来，以及各国名舰和经典战例，目的在于让读者对航空母舰有一个完整和直观的认识。从世界上第一艘由巡洋舰改装的航空母舰诞生，到今天已经快过去一个世纪了。历经20世纪两次世界大战的殊死搏杀和战后风云变幻，航空母舰始终牵动着世界强国海军的神经，代表着时代最先进的科技力量。在当代，航空母舰的意义不仅仅是一艘军舰，除了拥有巨大的战争潜力，而且还是一个国家力量的象征。

21世纪是海洋世纪，实施海洋开发正是适应国际环境和国内发展要求的一项重大战略决策。要实施这一战略，就必须有效维护国家的海洋权益，树立国民海洋意识，这对整个国家的经济发展、社会稳定、国家安全具有重大意义。希望本书能真正帮助更多朋友插上知识的翅膀，与中国的海洋事业一起腾飞。

# 目录

## 第一章　海上霸王



## 第二章　航空母舰之“最”

## 第六章　航母战斗群

# 第一章 海上霸王

## 航空母舰概述

航空母舰是一种以舰载机为主要作战武器的大型水面舰艇。现在，航空母舰及舰载机已经成为高技术密集的军事系统工程。

航空母舰是航空母舰舰队中的核心舰船、旗舰，舰队中的其他船只为它提供保护和供给。一个航母舰队一般情况下会配备潜艇、护卫舰、驱逐舰以及补给舰，驱逐舰或航母上搭载反潜直升机、预警机、电子侦察机等。有了航空母舰舰队，一个国家可以在远离其国土的地方、不依靠当地的机场施加军事压力和进行作战。

航空母舰的分类方法多种多样。航空母舰按其所担负的任务可以分为攻击航空母舰、反潜航空母舰、护航航空母舰和多用途航空母舰。按其舰载机性能又可分为固定翼飞机航空母舰和直升机航空母舰。前者可以搭乘和起降包括传统起降方式的

“小鹰”号航母在作业

固定翼飞机和直升机在内的各种飞机，而后者则只能起降直升机或是可以垂直起降的定翼飞机。有些国家的海军还有一种外观类似的舰船，称作“两栖攻击舰”，也可以搭乘和起降军用直升机和可垂直起降的定翼机。按吨位大小的不同，航空母舰还可分为大型航空母舰（排水量6万吨以上）、中型航空母舰（排水量3万至6万吨）和小型航空母舰（排水量3万吨以下）。如果按照动力划分，可分为常规动力航空母舰和核动力航空母舰。

大型航空母舰多属攻击航空母舰或多用途航空母舰，可载各类型飞机、直升机60至100余架，主要执行远海机动作战任务；中型航空母舰可载各类型飞机、直升机40架左右，主要用于远海机动作战；小型航空母舰可载各类型飞机、直升机20余架，主要用于海上编队的防空、反潜、护航以及运送兵员登陆等。

航空母舰是军舰的一种，它具有超大的吨位，拥有多类型舰载机，可以远离所属国领域范围长期执行军事任务，所以显得异常重要。其实，同它并列的还有很多类型的军舰。下面我们就一同来了解一下这些军舰。

被驳船“推”入码头的战列舰

**战列舰** 又称为战斗舰、主力舰或战舰。它是一种以大口径火炮的攻击力与厚重装甲的防护力为主要诉求的高吨位海军作战舰艇。从1860年开始直至第二次世界大战末期，战列舰一直是各主要海权国家的主力舰种之一。因此，这种舰又一度被称为主力舰，但由于战后战列舰的战略地位被航空母舰和弹道导弹潜艇所取代，不再是舰队中的主力，它的名称也似乎失去了原来的意义。

**巡洋舰** 巡洋舰是一种火力强、用途广的大型水面战斗舰艇，以远洋巡航舰为主。巡洋舰常与传统的战列舰组成海上舰艇编队并为其核心，担负着为战列舰巡舰、护卫的任务。它伴

美国海军“安提坦”号巡洋舰

随着战列舰的发展而发展，随战列舰的衰亡而消退。巡洋舰的主要战斗兵器是舰炮。根据巡洋舰在战斗中承担的任务及其自身性能的异同，巡洋舰又分为重巡洋舰、轻巡洋舰和辅助巡洋舰三种。巡洋舰同战列舰有着同样的命运，第二次世界大战后，巡洋舰和战列舰先后退出海军装备库。但不同的是，随着导弹、核动力、电子装备的出现，巡洋舰又复苏了。经过现代化改装的巡洋舰，以导弹作为主要武器，因此，现代巡洋舰也被称作导弹巡洋舰或战略导弹巡洋舰。其动力装置也纷纷改装为核动力，因而有了较大的续航力和航速。现代巡洋舰的主要任务是为航空母舰或其他舰艇护航，以它为核心组成海上编队，保卫海上交通线，攻击敌军水面舰艇、潜艇和岸上目标，进行防空和反导弹作战，登陆作战时进行火力支援等。在现代海战中，巡洋舰仍发挥着重要的作用。

**驱逐舰**　19 世纪 70 年代的海战中，出现了一种专门发射鱼雷的可以摧毁大型军舰的鱼雷艇。为了对付这种颇具威胁的小型舰艇，英国在 1893 年建成了“哈沃克”号军舰（一种被称为“鱼雷艇驱逐舰”的军舰）。

它能在海上毫无困难地捕捉鱼雷艇，并携带 3 枚 450 毫米的鱼雷，用于攻击敌舰。这就是驱逐舰的起源。如今，驱逐舰已发展成为一种以导弹、鱼雷、舰炮为主要武器，具有多种作战能力的中型水面战斗舰只，是海军舰队编成中的重要舰种之一。随着海军舰艇武器

驱逐舰舰队

装备的发展，尤其是潜艇和鱼雷的广泛应用，驱逐舰担负着各种不同的任务，于是出现了海洋驱逐舰、舰队驱逐舰、驱逐舰、护航驱逐舰等类型。第二次世界大战后，驱逐舰进入了现代化发展阶段，导弹、舰载直升机也加入了舰上主要武器的行列。目前，一般按用途把驱逐舰分为导弹驱逐舰、反潜驱逐舰和多用途驱逐舰等。

**护卫舰** 护卫舰是一种古老的舰种。早在16世纪，人们就采用经过改装的三桅武装帆船为航行的船队保驾护航。今天的护卫舰，是以舰炮、导弹、水中武器（鱼雷、水雷、深水炸弹等）为主要武器的中型或轻型军舰。它主要被用于反潜、防空护航以及侦察、警戒巡逻、布雷、支援登陆和保障陆军濒海翼侧等作战任务，因此又被称为护航舰。在现代海军编队中，护卫舰是在吨位和火力上仅次于驱逐舰的水面作战舰只。护卫舰和战列舰、巡洋舰、驱逐舰一样，也是一个传统的海军舰种，是世界各国建造数量最多、分布最广、参战机会最多的一种中型水面舰艇。目前，护卫舰按排水量的大小可分为中型护卫舰（1000～3000吨）和小型护卫舰（600～1000吨）两种，按使命又可分为反潜型、对空型和对海型。

Holstein号123型导弹护卫舰

# 航空母舰的诞生

航空母舰的历史，距今差不多有将近一个世纪。但是，我们很难说清楚谁是第一个制造航母的国家；对航空母舰出现的时间也很难作出合理的判断，因为它有着不同的判断标准。

如果以飞机首次从军舰上起飞作为标准，那么世界上第一艘“航空母舰”当属美国的“伯明翰”号巡洋舰。1910 年 11 月，美国海军在“伯明翰”号巡洋舰的甲板上铺设了简易飞行甲板；11 日，一架民用飞机从该舰起飞成功。如果以最早具备航母功能作为标准，那么英国的“伯加索斯”号便是世界上第一艘航母。“伯加索斯”号由巡洋舰改造而成，1915 年正式开始服役。如果要以航母专门设计要求为标准，那么英国的“竞技神”号当属世界上第一艘航母，它建于 1918 年 1 月。但要按最早建成服役来判断，那么英国的“竞技神”号只好让位于日本的“凤翔”号航母，因为“凤翔”号虽然开工建造晚于“竞技神”号，但却早于“竞技神”号在 1922 年 12 月下水

“竞技神”号航母

服役。

尽管关于航空母舰的最早出现时间和生产国还存在争议，但是最初的航空母舰并不是一开始就显示出了它的巨大威力的，直到第二次世界大战中它才被广泛使用。那时的航空母舰，还只是一座浮动式的小航空站，携带战斗机以及轰炸机远离国土，执行攻击敌人目标的任务。航空母舰可以由空中来攻击陆地以及海上的目标，尤其是那些远远超过一般射程之外的目标。由航空母舰上起飞的战斗机，其战斗半径一直在不断地改变海军的战斗理论。敌对的舰队现在已经是在看不到对方舰船的情况下，互相进行远距离的战斗了，这也彻底终结了战列舰的海上优势地位。

## 二战中的航空母舰

在第一次世界大战时，虽然有航空母舰，但它并不是很有影响力。1940 年 11 月 11 日，航空母舰在战争中初建功勋，英国海军的“光辉”号航空母舰出动鱼雷轰炸机击沉、击毁了塔兰托港内的 3 艘意大利战列舰。一时间。“光辉”号声名鹊起。

在第二次世界大战中，航空母舰在太平洋战争战场上大显身手，起到了关键的作用。从日本海军航空母舰编队偷袭珍珠港，到双方舰队自始至终没有见面的珊瑚海海战，再到运用航空母舰

“光辉”号航母

“赤城”号航母

编队进行海上决战的中途岛海战，航空母舰取代战列舰成为现代远洋舰队的主角。美国建造了大批“埃塞克斯”级航空母舰，组成庞大的航空母舰编队，成为海战的主角。战争期间，廉价、制造周期短的小型护航航空母舰被大量建造，并投入到反潜护航作战中。在第二次世界大战时，航母成为海军各种舰艇中的绝对中坚力量。

1941 年，美国对在亚洲疯狂扩张的日本进行了严厉制裁，其中最重要的一项便是冻结了对日本的经济贸易，尤其是对日本的石油进口贸易给予了全面封锁。这些措施，对于急于对外扩张进行侵略战争同时战略物资严重依赖进口的日本而言，无

“凤翔”号航母

珍珠港事件中被摧戏的战斗机

疑是致命的打击。为了冲破美国的经济封锁，日本决定对珍珠港进行偷袭。11 月 26 日，一支由 6 艘航空母舰为主力的日本海军舰队，在海军中将南云忠一的指挥下，离开日本，开往珍珠港。途中，舰队保持彻底的无线电静默。这艘舰队除了这 6 艘航空母舰外，还包括两艘战列舰、3 艘巡洋舰、9 艘驱逐舰和 3 艘潜艇。夏威夷时间 12 月 7 日早晨，该舰队出动飞机轰炸了瓦胡岛上所有的美军机场和许多在珍珠港内停泊的舰艇，包括战列舰。地面上几乎所有飞机都被摧毁，只有少数飞机得以起飞和还击。整个事件中，美国共有 12 艘战列舰和其他舰船被击沉或损坏，188 架飞机被摧毁，155 架飞机被破坏，2403 名美国人遇难。这就是第二次世界大战中著名的珍珠港事件。

珍珠港事件中被摧毁的美国军舰

珍珠港事件中美国太平洋舰队主力战舰非沉即伤。但是，美军的“大黄蜂”号、“约克城”号和“企业”号 3 艘航母却幸运逃过此劫。接

日本“大和”号战列舰

下来的一段时间美军只能以这3艘航母为主力的劣势兵力，对抗日本联合舰队。

珍珠港事件前美国政府就认识到了航母的重要性，于是美国政府决定建造大量的航母。在罗斯福总统的大力支持下，美国国会批准了美国海军史上著名的“两洋海军法案”，并决定拨款建造11艘新型航母。新型航母当时定为“埃塞克斯”级。两周后，美国国会和政府作出了加速建造“埃塞克斯”级的决定，并将原来的11艘改为32艘。在这些航母被建造的过程中，“约克城”号与日本联合舰队的“翔鹤”号和“瑞鹤”号于1942年5月8日开始，在珊瑚海进行了世界上首次航母大战，“约克城”号中了3枚炸弹、2枚鱼

“埃塞克斯”级航空母舰

雷，日方航母也有损伤。这时，美军高效率的抢修发挥了至关重要的作用，经过 3 天不间断的修理，5 月 30 日，“约克城”号再次驶离珍珠港，它与“企业”号、“大黄蜂”号一起执行了后来成为太平洋战争转折点的中途岛海战的任务。1943 年，“埃塞克斯”级航母正式投入战斗，与“企业”号、“萨拉托加”号以及“独立”级 9 艘轻型航母开始向日本军队进行反击。很快，“埃塞克斯”级航空母舰便以其优秀的性能和强大的作战能力占据了对日作战的上风。1944 年，美军 14 艘航母与日军 9 艘航母在马里亚纳海域大战。美军“埃塞克斯”级强大得难以撼动的防空能力，使日军舰载航空兵遭到毁灭性打击，

珍珠港事件中的军舰

日本“大和”号战列舰

日军1艘航母被击沉，多艘被击伤。其中，“埃塞克斯”级的多项战果中，最令人难忘的还是击沉日舰“大和”号。“大和”号作为世界上最大的战列舰，不仅是日本海军联合舰队的旗舰，更是日本海军的象征。1945年4月，冲绳岛战役开始，“埃塞克斯”级航母上的386架各型战机对“大和”号进攻，“大和”号身中数十枚炸弹和鱼雷，很快沉没。“大和”号的沉没彻底宣告战列舰时代的终结。而“埃塞克斯”级航母在战列舰谢幕退场过程中，很自然地充当了“终结者”的角色。

二战爆发后，美国海军面临两洋作战的难题。一方面，由于北美大陆至英国的海上航线受到德国U型潜艇的严重威胁，迫切需要大量的护航舰艇；另一方面，在太平洋上日本海军表现出咄咄逼人的态势，并且日本护航航母力量已经明显超过美国。由于建造标准的舰队型航空母舰，从设计到完成、投入使用需要很长时间，为了解燃眉之急，建造和改装护航航母、轻型航母便成为势在必行的应急措施。于是，“卡萨布兰卡”级护航航母便诞生了。“卡萨布兰卡”级护航航母是在“博格”级护航航母的基础上改进而来的，它的排水量仅为1万吨左右，但数量达50艘。1944年10月，美日双方在莱特湾进行大战。日本孤注一掷，几乎投入了全部作战力量，包括6艘航母、7艘战略舰、19 艘巡洋舰、33 艘驱逐舰和 600 余架飞机。美军强大的第三舰队被日本的 4 艘航母引开，只有第七舰队的 6 艘“卡萨布兰卡”级护航航母和少数的驱逐舰与其作战。但由于美军的 120 余架飞机英勇反击，日本被迫撤退，并受到重创。

在地中海地区，英国皇家海军与德、意海军展开激烈的海战。“皇家方舟”号航母在北爱尔兰附近海域击沉了二战中第一艘德军潜艇 U39 型，1941 年 11 月 13 号，“皇家方舟”在经过直布罗陀海峡时被德军 U81 潜艇打中 4 枚鱼雷，14 小时后沉没。英国共有 4 艘航母用过“皇家方舟”这一荣誉舰名，这是第二任“皇家方舟”号航母。1588 年，英国海军击败了当时不可一世的西班牙“无敌舰队”，从而夺取并确立海上霸主地位。当时英国海军旗舰就叫“皇家方舟”。现役的“皇家方舟”是“无敌”级 3 号舰。

“皇家方舟”号航母

## 二战后航空母舰的发展

二战结束后，受到战争的影响，英国衰落。因此，英国无力继续装备大型航母，决定建造一艘以防空导弹进行对空防御、搭载反潜直升机进行反潜作战并能担负编队通信、指挥任务的新型反潜指挥战舰。“鹞”式垂直、短距起降飞机的研制成功，使反潜巡洋舰的设计思路开始向“轻型航空母舰”转变。1982年4月2日，英阿马岛战争爆发，以“无敌”号和“竞技神”号为核心的航母特混编队远征马岛并大败阿军。正是在“无敌”级的影响下，西班牙于1999年10月8日开工建造“阿斯图亚斯亲王”号轻型航母。1981年3月，意大利动工兴建了“朱塞佩·加里波第”号航母。泰国也从西班牙订购了“差克里·纳吕贝特”号轻型航母，成为东南亚第一个拥有航母的国家。

“竞技神”号航母

欧洲的另一个海军强国法国，是除美国以外唯一有核动力航母的国家。法国的中型核动力航母“夏尔·戴高乐”号是以法兰西第五共和国创建者夏尔·戴高乐将军名字命名的。这艘航母从计划到正式服役共花了 20 年时间，直到 2001 年 5 月才正式服役。它的服役，标志着法国海军已超过老牌海上对手英国皇家海军，也成就了法国海军在海上的霸王地位。

“夏尔·戴高乐”号航母

在冷战时期，苏美争霸，苏联制造了古巴导弹危机，但最终以失败告终。苏联的远洋海军注重近海防御，作战能力极差。因为当时苏联的领导人赫鲁晓夫只看重导弹，认为航母是“浮动的海上停尸房”“导弹的活靶子”。在这种思想指导下，俄罗斯海军成了最下等的军队，更别说造航母了。古巴导弹危机使俄罗斯的领导人深刻认识到航母的重要性，于是在黑海尼古拉造船厂（俄罗斯唯一的航母制造厂），建造了苏联的直升机航母“莫斯科”级。不久，苏联人决定建造一种强大的航母——“基辅”级。

“基辅”级十分特别，普通航母都是以舰载机作为攻击力量和防御力量的，自我防御能力很差，但“基辅”级航母上导弹林立，比巡洋舰有过之而无不及。美国建造了“乔治·华盛顿”级攻击性核潜艇，它可装备射程达 2200 千米的“北极星”弹道导弹，这严重威胁了苏联的安全。所以，苏联建造了以反潜为主的“基辅”级“战术航母巡洋舰”。“基辅”级共造 4 艘，分别为基辅、新罗西斯克、戈尔什科夫、明斯克。它们的反潜能力都超过了以反潜能力强大而著名的日本“八八舰队”。

库兹涅佐夫元帅号航母

冷战后期，由于苏联国力衰落，“基辅”级卖的卖，不用的不用。当“无敌”级问世后，苏联仿照建造了“库兹涅佐夫元帅”号，最多可搭60架飞机，其自我防御能力也很强。

## 现代的航空母舰

经历了差不多一个世纪的发展，现代的航空母舰堪称一座高速的浮动海上机场，是海军执行“立体战”的特殊军舰。它能远离海岸机动作战，而且以它为核心的特混舰队的制空制海半径可达1000千米以上。现代航空母舰的基本任务是以舰载飞机攻击敌军水上、水下和岸上目标，支援其他作战兵力。航空母舰的外形特征是：有一个小而集中的岛形上层建筑，位于右舷；一个宽阔而平坦的飞行甲板，供飞机起降。在目前所有的

“尼米兹”级核动力航母正在远航

舰种中，航空母舰是在吨位、体积、作战能力等方面均居首位的舰种。

人们习惯将现代航空母舰称为“浮动的海上机场”，这主要是因为现代航空母舰是以舰载飞机为主要武器。现代航空母舰上最显眼的地方就是与陆上飞机场跑道相似的起飞甲板。在

“尼米兹”级核动力航母上的飞机起飞

“尼米兹”级核动力航母

一般军舰上，主甲板最长只有 200 米左右，最宽也不超过 40 米，最窄处只有几米。相比较，现代航空母舰的飞行甲板就显得特别长、特别宽，并且呈多边形状，飞行甲板的面积也要比一般军舰大几倍甚至十几倍。例如美国“尼米兹”级核动力航空母舰总长 332. 9 米，飞行甲板宽 76. 8 米，相当于 3 个多足球场的面积。

现代航空母舰的“大”不仅仅体现在飞行甲板的面积上，还表现在高度上。现代航空母舰的舰体高度少则 40 多米，多则 170 多米，其高度相当于一座一二十层的大厦。航空母舰既大又高，舱室自然不少。如美国的“小鹰”级航空母舰，全舰共有 1500 个大小不同的舱室。

现代航空母舰的排水量也相当惊人，排水量小的也有 1 万吨，大的则超过 9 万吨。仅美国“肯尼迪”号航空母舰上的两个锚，每个就重达 30 吨，锚链重达 246 吨。美国“企业”号航空母舰上有 4 个螺旋桨，每个螺旋桨直径达 6 米以上，重量也将近 30 吨。

俯视“尼米兹”号航空母舰

现代航空母舰载有多种武器和大量弹药。其中，装载的飞机有歼击机、攻击机、反潜机、预警机、侦察机、加油机、救护机等多种多样的机种，少则20多架，多则近百架。除此之外，航空母舰上还装备有各类火炮和导弹发射架等自卫武器。

航空母舰配备的电子设备数量也相当惊人。一艘现代航空母舰，仅各种雷达发射机就有80多部，接收机有150余部，雷达天线近 70 个，无线电台 100 余部。此外，还有各种各样的“战术数据系统”。用来指挥各种武器迅速准确地对敌射击。

除此之外，现代航空母舰的威力还表现在发动机的“劲儿”特别大。如美国“尼米兹”级航空母舰，它满载排水量就达 9. 14 万吨，相当于 9000 辆装满货物的解放牌卡车或者 1100 多个装满货物的火车皮的总重量。可航空母舰航行起来的速度并不慢，每小时 30 ~ 35 节，相当于一般客轮的 3 ~ 4 倍。它的速度来自于其巨大的动力装置，例如，“尼米兹”级航空母舰动力装置的总功率达 221 兆瓦，差不多和一座中等城市厂矿企业所需的动力相当。此外，航空母舰上所需要的用电量也很大，一艘现代化的航空母舰上的总发电量达 20 兆瓦，与一座中等城市照明用电量基本持平。

# 第二章 航空母舰之“最”

## 世界上第一艘全通式飞行甲板航母

1917年3月，英国海军决定将一艘正在建造中的大型巡洋舰“暴怒”号改建为飞机母舰。“暴怒”号的前主炮被拆除，在舰体的前半部加装了69.5米长的飞行甲板，铺设了木制的

“百眼巨人”号

改造后的“暴怒”号巡洋舰

飞行跑道。改装后的“暴怒”号被称为“飞机载舰”，标准排水量19153吨，航速31.5节，共搭载10架飞机：6架“幼犬”式战斗机和4架“肖特184”式水上飞机。但是，由于舰上高耸的塔式桅杆和烟囱的阻碍，起飞后的飞机无法返回母舰。

为了打破飞机着舰禁区，英国海军少校邓宁进行了勇敢的尝试。1917年8月2日，邓宁凭借着高超的驾驶技术，驾驶“幼犬”战斗机用侧滑着陆的方式艰难地降落到航行中的“暴怒”号前甲板上，在世界上首开飞机在航行的军舰上降落的先河。几天之后，当邓宁又一次试图重复这个惊险动作时，飞机翻出军舰坠入海中，邓宁不幸以身殉职。

血的教训使英国人明白，仅依靠驾驶员的技术是无法弥补装备方面的根本缺陷的，要实现常规飞机在军舰上的安全起降，必须彻底改变母舰的结构。1917年底至1918年初，“暴怒”号进行了大改装。这一次将军舰后主炮和后桅拆除，在舰体后部加装了86.6米长的飞行甲板。这样，以舰体中部上层建筑为界，前部甲板用于飞机起飞，后部甲板用于飞机降落，飞机可以互不干扰地同时进行起降作业。

尽管如此，“暴怒”号仍然不具有全通式的飞行甲板。飞机虽能勉强着舰，但由于舰体中部的舰桥、桅杆和烟囱引起的湍流的影响，飞机着舰仍然十分困难。所以，此时的“暴怒”

号还是一艘很不完善的航空母舰。

再接再厉的英国人下决心建造一艘真正意义上的航空母舰。从1917年开始，英国海军将建造中的客轮“卡吉林”号改装成世界上第一艘具有全通飞行甲板的航空母舰——“百眼巨人”号。舰上原有的烟囱被拆除，设计人员设计出从主甲板下面通向舰尾的水平排烟道，从而清除了妨碍飞机起降的最大障碍。飞行跑道前后贯通，形成了全通式的飞行甲板，极大地方便了舰载机的起降作业。这种结构的航母被称为“平原型”。“百眼巨人”号初具了现代航母的雏形。

1918年5月，“百眼巨人”号的改装工程完工。该舰标准排水量为14450吨，最大航速20海里/小时，可搭载飞机20架。同年9月，该舰编入皇家海军的作战序列。然而，由于此时第一次世界大战已经接近尾声，匆忙入役的“百眼巨人”号尚未来得及接受战火的洗礼，战争便结束了。“百眼巨人”号只能默默地呆在皇家海军的舰队中，无法在真正的战争中一显身手。但是，作为世界上第一艘具有全通飞行甲板的航空母舰，“百眼巨人”号在航母发展史上的开拓性地位是无法抹杀的。

“百眼巨人”号

# 世界上第一艘专门设计建造的航母

“凤翔”号是日本海军航空母舰中的元老。在该舰动工兴建之前，日本曾改装过一艘运输船“若宫丸”号，以进行水上飞机的搭载试验。而“凤翔”号在建造之初被归为“特务舰”，后来才自成一类，成为海军的第一艘航空母舰。1921 年 10 月在浅野造船厂动工，1922 年 10 月下水，12 月完工。测试排水量 9494 吨，航速 25 节，有 4 门 140 毫米炮、2 门 80 毫米高射炮，官兵 550 人。

由于在建造“凤翔”号之前，日本海军没有建造专门航空母舰的经验，许多设计仍在摸索阶段，所以该舰也算是日本航空母舰的试验舰。在原设计中，其前段起飞甲板向下倾斜 5°，为的是利于飞机起飞加速，右舷的 3 根烟囱在飞机起飞时可由

“凤翔”号航母

垂直转为水平；舰岛前方有专供水上飞机回收使用的起重机等。到1923年，“凤翔”号才一一改正了这些错误设计：前端飞行甲板改平，拆除舰岛，舰桥改在飞行甲板下面。

在1932年2月5日入侵中国上海的作战中，“凤翔”号所属的13式舰载攻击机首次与中国战机交锋并取得胜利，这是日本海军首次以舰载机击落对手的空战。1937年“七七事变”爆发后，“凤翔”号再度出没在中国青岛外海，而后从事训练任务。中途岛战役时，“凤翔”号负责主力部队的反潜警戒任务，搭载了6架飞机，未直接参加第一线战斗。

1944年，为了搭载新式战机，“凤翔”号的飞行甲板被加长到180. 8米。由于改装后的飞行甲板长度超出舰长太多，使得航母的耐波性降低，无法在远洋活动。但“凤翔”号也因祸得福，由于活动减少而得以躲过美军铺天盖地的攻击，存活到日本战败后，于1946年9月被拆解。

改造后的“暴怒”号巡洋舰

# 世界上第一艘直升机航母

“硫磺岛”号航空母舰（CV—46）是一艘未建成的美国海军航空母舰，原为“埃塞克斯”级航空母舰的24号舰，在非官方上亦是长舰体“埃塞克斯”级的14号舰。它是美军第一艘以硫磺岛为名的军舰，以纪念硫磺岛战役。

“硫磺岛”号在1945年1月29日动工，当时第二次世界大战已近尾声，美军亦有多艘“埃塞克斯”级航空母舰服役。“硫磺岛”号于1945年8月12日取消建造，即时拆毁。同日海军亦停止建造“复仇号”。三天后日本投降，二战结束。

“硫磺岛”号

# 世界上第一艘垂直/短距离起降飞机航母

“基辅”级航母的建造是在古巴导弹危机之后，美苏签订部分禁止核试验条约的情况下，苏联利用美国陷入越南战争的时机，加强和加快了海军建设。

“基辅”号航空母舰是苏联“基辅”级航母的首制舰，建造于1970年，它历史上虽没有参加过任何战役，但服役期间曾出访印度、朝鲜和阿尔及利亚等国，被誉为“水晶理想”、“国家名片”，一度是苏联海军的象征。

“基辅”号航空母舰全长273米，全宽53米，吃水9.5米，排水量43000吨，4组涡轮机，20万马力，航速32海里1小时。属于典型的苏联航母布置。

“基辅”号航母搭载了12架Yak—38A“铁匠”战斗机，1架Yak—38B“铁匠”战斗机，19架Ka—27“蜗牛”反潜直升机，3架Ka—25“荷尔蒙”直升机。

“基辅”号航空母舰

在“基辅”号上装备了8具SS—N—12反舰导弹发射器，10具533毫米鱼雷发射管，2对SA—N—3B防空导弹发射器，4具SA—N—4防空导弹发射器，4具

昂首待发的“基辅”号

SA—N—9防空导弹六联装垂直发射器，一具SUW—N—1反潜导弹双臂发射器，2座双联装76毫米炮，8具30毫米六管机炮，2具RBU1200十二管火箭等。

从历史上来看，“基辅”号是苏联计划经济巨大优势发挥的产物。它不仅是航母，而且具备进攻体系，可以单兵作战。这种经济的设计也反映了苏联在贫困的境况中，与西方抗衡的以一敌众的实际考虑。

由于苏联解体，“基辅”号于1994年提前退役，2000年，“基辅”号作为废金属拍卖。对于“基辅”号的命运，俄罗斯国内一片唏嘘。2000年8月，在美国、印度等9个买家中，中方竞买成功，将“基辅”号拖至山海关船舶重工有限责任公司修复原貌，使之由军事残骸变身成和平与生态的公众乐园。现在在天津国际游乐港。

## 命最短的航母

“信浓”号由横须贺造船厂建造，1940年5月4日开工，1940年12月暂停，1942年建成50%时暂停，改为航母。原为“大和”级战列舰的第3艘，新设计中它要充当快速航母舰队的

“信浓”号

支援和维修平台，所以除携带自身的中型航空联队外，还可装载多余的飞机和设备用来对海上的航母进行补充。

“信浓”号是1960年美国小鹰级航空母舰服役前世界上最大的航母。原设计战列舰的主舰体不改，在主甲板上安装一层机库、装甲飞行甲板及岛式上层建筑。1944年10月8日下水时，“信浓”号的标准排水量为64800吨，水线长839英尺，飞行甲板长872英尺，宽131英尺。以18节航速续航力为10000海里。主炮和副炮被取消或修改，设计舰载机40~50架，1944年11月19日完工。

11月26日，美国潜艇“射水鱼”号在濑户内海搜索轰炸东京而落水的飞行员。后来因计划取消，在海上游弋待命。巧的是，当时“射水鱼”的雷达出了故障。潜艇被迫浮出海面准备修理，突然，艇长从潜望镜中看到了一个小岛。起初他还以为这是日本海域的一个刚刚出现的火山岛，不久他才发现这是一艘军舰！

这座小岛其实是一艘航空母舰，它是日本海军刚刚在横须

“射水鱼”号潜艇

贺造船厂秘密建造的“信浓”号。“信浓”号航空母舰满载排水量7万多吨，总功率到110兆瓦，航速27海里/小时，舰上载有新型“流星”轰炸机20架、“彩云”侦察机7架、“烈风”战斗机20架，是当时世界上最大的航空母舰。此刻，它正在3艘驱逐舰的护航下，进行它的处女航。

为了这次航行，“信浓”号采取了严格的保密措施，在航行中还进行了灯火管制。

“信浓”号

19 时 15 分，舰上的值班军官紧张地向指挥官阿部俊雄报告雷达发现一艘潜艇。阿部俊雄暗暗思量认为这很可能是美国的诱敌之计。为安全起见，狐疑的阿部只得下令不准开火，以免上当。

很快，跟踪航行的潜艇便进入了日舰的火炮射程。但奇怪的是，日本人并没有开炮。这令美军艇长莫名其妙，但他还是果断下令继续咬住航母，坚持在海面航行。接着，他又冒险向珍珠港发出电报，要求附近潜艇支援。可是，固执己见的阿部认定那艘单独的潜艇是诱饵，是要引他上当。

翌日 2 时 42 分，一名通信官向阿部报告："发现敌潜艇在发电报，强度很大，敌艇离我们很近。"阿部认为那电报一定是发出信号联系埋伏好的美舰群开始攻击。于是，他命令航海长调整航线前进。慌乱中，"信浓"号竟然自己送到了"射水鱼"的枪口下。3 时 4 分，当"信浓"号离美潜艇有 12 公里时，美军立即向这个庞然大物发动了猛烈攻击。在很短的时间里，"信浓"号接连被 6 枚鱼雷击中。舱室被撕开了 10 多米宽的口子。

"信浓"号

海水汹涌地灌了进来。5时许，航母已倾斜到了18°。日本人拼命堵漏都无济于事。7时左右，航母发动机停止了转动。9时，航母失去了全部动力，阿部不得不下令弃舰。10时56分，“信浓”号巨大的舰体竖了起来，舰艏指向天空，犹如海中的一只怪兽。就这样，这艘当时世界上最大的航母处女航仅仅进行了17个小时便沉没了。

之前“信浓”号还根据以往海战的经验，在防护敌机空袭方面做足了准备（包括可以抵御500公斤炸弹攻击的装甲飞行甲板），这次，却栽在了6枚鱼雷之上，不得不说是一个讽刺。想当年在莱特湾海战中和“信浓”号同级的“武藏号”被击中20余枚鱼雷才沉没，而“信浓”号仅仅挨了6枚鱼雷就饮恨海底。不得不说的是，把战列舰改为航母，对于“信浓”号的适航性产生了相当大的影响。另外随舰的1900名乘员多为乌合之众，大多没有出海经验，况且在濑户内海，普遍认为遇敌可能性几乎为零，故没有充分备战。

“射水鱼”号发射了鱼雷后，立刻潜入400米深的海水中躲藏了起来。它的周围不断地响起深水炸弹的爆炸声。当深水炸弹的爆炸声停止后，“射水鱼”号人不知鬼不觉地返航了。

“信浓”号吞食了日本数额巨大的战争预算，夜以继日地逼着员工加班完工，出海不到两个月，未经一战，甚至它飞行甲板上停放的47架最新式的飞机还没有来得及起飞一次，就带着1430余名牺牲者沉入了海底。

## 世界上第一艘装备喷气式飞机的航母

“福莱斯特”级航空母舰采用了美国早年研究成果，体现

“福莱斯特”号航空母舰

了航空母舰建造技术的又一个飞跃。它完全取消中线升降机，装了4部舷侧升降机，左舷1部，右舷3部，平甲板的设计思想受到重视，只留有一个小型上层建筑；左舷大面积的突出部位有一个斜角甲板，在它的前端有两部蒸汽弹射器，飞行甲板前端也有两部蒸汽弹射器。福莱斯特级航空母舰还有三个特点：1. 封闭式机库；2. 飞行甲板四角设计群防御火炮；3. 封闭式舰首。

“福莱斯特”级航空母舰也是多用途航空母舰。第二次世界大战后原定为大型航空母舰，1952年改为攻击型航空母舰。该级舰共有4艘。首制舰“福莱斯特”号1952年建造，1954年12月下水，1955年10月1日服役，造价1. 89亿美元；第二艘舰“萨拉托加”号1952年

“福莱斯特”号航空母舰

12月动工建造，1955年10月下水，1956年4月14日服役，造价2.14亿美元，这两艘航空母舰都参加了海湾战争。第三艘舰“突击者”号于1954年8月动工建造，1956年9月下水，1957年8月10日服役，造价1.73亿美元；第四艘舰“独立”号于1955年7月动工建造，1958年6月下水，1959年1月10日服役，造价2.25亿美元。编制5200～5450人，舰员2720～2754人，航空兵2035～2273人。该级舰长326～331米，宽39.5米，吃水11.3米，飞行甲板宽76.8米，标准排水量60000吨，满载排水量79450～81163吨。动力装置由4台蒸汽涡轮机和8座锅炉组成，主机为4台减速齿轮式涡轮机，4轴推进，总输出功率为205，800千瓦，航速34节。飞行设备有4台C—7/C—11蒸汽弹射器，4部载重能力为4500吨的升降机。可搭载飞机约70架。4部弹射器和4部舷侧升降机能保障每分钟弹射起8架飞机，这对于喷气机进行战斗巡逻是至关重要的。

“福莱斯特”级航空母舰的燃油贮量比“埃塞克斯”级多70%，航空汽油贮量是“埃塞克斯”级的3倍，载弹量比“埃塞克斯”级多一倍半。这是美国为搭载喷气机而设计的第一批

“福莱斯特”号航空母舰

航空母舰，能搭载最新式的海军飞机。在洲际弹道导弹出现之后，海上核威慑力显得尤为重要。攻击航空母舰在海上的位置不是固定不变的，因此洲际弹道导弹不能准确地攻击航空母舰，而陆上洲际弹道导弹却迟早会成为攻击航空母舰准确打击的目标。

## 世界上第一艘具有核攻击能力的航母

“中途岛”级航母现役2艘，首舰“中途岛”舷号CV—41，由纽波特纽斯船厂建造。1943年10月27日开工，1945年3月20日下水，1945年9月10日完工，1945年9月服役。“中途岛”号是第二次世界大战期间美国建造的最大的航空母舰，也是第一艘飞行甲板有装甲的航母。1952年10月1日，其被设计改装为攻击航母（CVA—41）。1955年7月开始在Bremerton

“中途岛”号

“中途岛”号航空母舰

海军船厂进行SCB110改装，1957年9月30日完工并重新服役。1966年2月15日到1970年1月31日在三藩海军船厂进行了SCB101改装。从1973年到它退役都一直部署在日本。1975年6月30日重新设计为多用途航母（CV—F41），但不能操作反潜飞机。1986年在日本进行了最后的大修，增加了附体以提高干

“中途岛”号航空母舰

舷和增加耐波性。1992年4月11日作为前沿部署航母被“独立号”航母取代，回到美国。1992年4月11日退役，退役后作为后备的训练航母保存。后逐渐拆除了所有的电子设备和武器系统。现保存在圣地亚哥。“中途岛”号航空母中舰有很多房间，包括餐厅、船长室、邮局、卫生站、理发室、洗衣房、图书馆、会议室、雷达室、研究室、地图室、驾驶室等。

## 世界上第一艘核动力航母

1954年9月30日，美国海军“鹦鹉螺”号核潜艇建成服役，标志着海军舰艇发展史上一个新时代的到来。其实，美国海军作战部长谢尔曼早在1950年就建议探讨“建造原子动力的航空母舰的可能性”，但后来被核潜艇抢了先。核动力航母的优越性不言而喻，1958年2月4日，世界上第一艘核动力航母CVN65“企业”号在纽波特纽斯船厂开工建造，1960年9月24日下水，1961年11月25日正式服役。

“企业”号全长342.9米，宽40.5米，吃水11.9米，标准排水量75730吨，满载排水量93200吨，舰上载航空燃油

“企业”号

8500 吨，动力装置为 8 座西屋公司的 A2W 压水反应堆，驱动 4 台通用电气公司的蒸汽轮机，4 轴 4 桨，主机总功率 280000 马力，最高航速 30 节，更换一次核燃料可航行 20 万～50 万海里。全舰舰员为 3319 人，航空人员为 2625 人，司令部人员为 72 人。

“企业”号舰体与“小鹰”级基本相同，采用了封闭式飞行甲板，从舰底至飞行甲板形成整体箱形结构，在斜直两段甲板上分别设有 2 部蒸汽弹射器，斜角甲板上设有 4 道拦阻索和 1 道拦阻网，升降机为右舷 3 部，左舷 1 部。其机库为封闭式，长 223. 1 米，宽 29. 3 米，高 7. 6 米。飞行甲板为强力甲板，厚达 50 毫米，在关键部位加装装甲，水下部分的舷侧装甲厚达 150 毫米，并设有多层防雷隔舱。

“企业”号舰载武器为 3 座八联装“北约海麻雀”舰空导弹发射架和 3 座“密集阵”近防系统。电子设备为：SPS—49（V）5、SPS—48E（三座标）对空雷达；SPS—67 对海雷达；6 部 MK—95“海麻雀”火控雷达以及导航、助降雷达等。电子对抗为 SLQ—32 系统和 4 座 MK—36 干扰火箭发射器，另有 SLQ—36 拖曳式诱饵系统。

“企业”号航母

在近 40 年的服役期内，“企业”号上舰载机的搭载情况有过多次更改，现在上舰的是第 11 舰载机联队，采用的是“标准型”配置，具体方案是：1 个 F—14“雄猫”战斗机中队，14 架；2 个 F/A—18C“大黄蜂”海军战斗/攻击机中队，24 架；1 个 F/A—18A“大黄蜂”海军陆战队战斗/攻击机中队，12 架；1 个 E—2C“鹰眼”预警机中队，4 架；1 个 EA—6B“徘徊者”电子战飞机中队，4 架；1 个 S—3B“北欧海盗”反潜机中队，8 架；1 个 SH—60F“拉姆普斯”反潜直升机中队，5 架；总共 8 个飞行中队，71 架各型飞机。此外，还有 2 架 HH—60H 运输直升机。

在漫长的海上生涯中，“企业”号共 4 次更换核燃料：在航行了 20．7 万海里之后，于 1964 年 11 月第一次更换；又航行了 30 万海里之后，于 1969 年 10 月第二次更换；在航行了 50 万海里之后，于 1979 年第三次更换；在 1991 年该舰实行“延长服役期改装计划”时，第四次更换核燃料。

“企业”号航母

# 世界上最大的常规动力航母

“小鹰”号航母是美国海军最后一级常规动力航空母舰——“小鹰”级的首舰。它于1956年12月在纽约造船公司开工建造，1960年5月21日完工，1961年4月29日编入太平洋舰队服役。1988年1月至1991年2月进行了改装，改装后服役期延长为40年。“小鹰”号的母港设在加利福尼亚州的圣迪戈海军基地。

“小鹰”号

世界上最大的常规动力航母“小鹰”号标准排水量为60100吨，满载排水量达81123吨，舰长323．6米，舰宽39．6米，吃水11．4米，是世界上最大的常规动力航空母舰；动力装置为4台蒸汽轮机，最大功率28万马力，最大航速为32节，以20节航速巡航时可连续航行350小时、12000海里；拥有4部飞机升降机和4座蒸汽弹射器，每隔30秒即可弹射1架舰载机升空作战；舰上贮存燃油7800吨、航空汽油5882吨、航空弹药1600吨；装备3座M29八联装“北约海麻雀”航空导弹发射装置、3座MK15“火神密集阵”6管20毫米舰炮；配备SPS48E、SPS49（V）5、SPS67、MK23TAS搜索雷达各1部，SPN41、SPN32A、SPN44、PN46引导雷达各1部，SPN64（V）9导航雷达1部，MK95火控雷达6部，MK91导弹发射火控系统3部，WLR3雷达预警系统、WLR11瞬时测频接收机、SLQ29电子战系统、SLQ36“水精”鱼雷防御系统各1部，MK36舰载无源干扰发射器4部。另外，还装有海军战术数据系统、“塔康”系统、OE82卫星通信无线、SSR1接收机、WSC3收发信机等指挥、控制与通信系统。

“小鹰”号从底层到舰桥顶部大约有18层楼那么高。最下面几层是燃料、淡水、武器弹药舱和轮机舱；第五、第六层是

“小鹰”号

水兵住舱、行政办公室、食品库和餐厅；第七、第八层是舰载机维修间、维修人员和雷达操纵人员的住舱；第九、第十层是机库、战斗值班室和飞行员餐厅。而十层以上为上层建筑（即甲板以上突出的部分），有8层楼那么高，由下而上分别为消防、医务、导弹、电梯人员住舱，工具、通讯及电气材料库，军官住舱，司令部及舰长参谋人员、新闻人员工作室和休息室等。

人员多，部门多在“小鹰”号上工作的人员多达5480人，其中包括舰员2930人（军官154人）、航空兵人员2480人（军官320人）、司令部人员70人（军官25人）。舰上配舰长和副舰长各1人，下设10个部门和1个舰载机联队。舰长为海军上校军衔，副舰长为中校或上校军衔。美海军对航空母舰舰长和副舰长的要求非常严格，规定只有在舰上架机起降过800～1200次、有4000～6000小时飞行纪录、担任过飞行中队长或航母舰

“小鹰”号常规动力航空母舰

载机联队长职务的优秀指挥军官才有资格担任航母舰长和副舰长。

“小鹰”号航母设有作战、航空、航海、武器、轮机、医务、牙医、供应、安全和飞机中级维修10个部门。每个部门配部门长和部门长助理各1人，下设若干分队。各部门中，以作战、航空和飞机中级维修这3个部门最为重要。

作战部门负责制订作战计划、组织战备训练、完成指定的情报搜集、鉴别与传送、对空中飞机实施作战控制、进行视觉与电子通信、实施电子战、提供气象与海浪预报等，下设作战训练、情报、通信、电子战、气象等分队，分别由作战官、训练官、情报官、通信官、电子战官、气象官等领导。

航空部门是其中最大的部门，占舰员总人数的1/5强，主管是航空部门长，士兵们常常戏称他为“航空老板”。“航空老板”在舰长的领导下负责保障飞机的起降、吊放、加油、装弹和飞行安全在内的空勤任务，其主要助手是“小老板”——航

“小鹰”号

空部门长助理。航空部门下设行政管理与塔台分队、飞机起吊分队、甲板飞机牵引分队、引降装备操纵分队和加油与装弹分队，由飞行甲板官、飞机弹射官、拦阻官、机库甲板官、航空燃油官、装弹官、飞机起吊官以及行政助理、训练助理等领导。

飞机中级维修部门负责督促和领导航母舰载机的维修保养工作，保证舰载机联队始终处于良好的战备状态。该部门由4个分队组成，即行政管理分队、飞机中级维修分队、机载设备维护分队和甲板支援设备维护分队，主要人员都是一些经验丰富的飞机维修与保养技术人员，人称“飞机保健医生”。

航海部门负责航母的航海安全与导航以及航海器材的管理与保养；武器部门负责舰上武器的操作、维护和修理，进行反潜搜索和攻击，保管爆炸物品、导弹和核武器；轮机部门负责所有推进器和辅机的运行和维修；安全部门负责实施和协调航母和舰载机联队的安全计划，辖有1个50人的舰上陆战队保安分队；医务部门负责医治伤病员，进行卫生、健康讲座，指导战场急救；牙医部门负责牙科治疗，进行口腔卫生指导，透视照相；供应部门负责购买、接收、储存和发放物品，进行装备统计、零件修理、分配电影，并向舰上人员供应个人消费品。

另外，“小鹰”号航母上还编有2名随军牧师，负责鼓舞士气。

## 第15舰载机联队

“小鹰”号上载有一个舰载机联队，即第15舰载机联队。该联队下辖9个飞机中队，装备各型舰载机82架，其中F—14A“雄猫”战斗机20架、F/A—18C“大黄蜂”战斗/攻击队24架、A—6E“入侵者”攻击机16架、E—2C“鹰眼”预警机4架、EA—6B“徘徊者”电子战机4架、S—3B“北欧海盗”

反潜机 6 架、SH—60F“海鹰”反潜直升机 6 架、HH—60H“黑鹰”救援直升机 2 架。9 个飞机中队分别是：第 51 战斗机中队（10 架 F—14A）、第 111 战斗机中队（10 架 F—14A）、第 27 战斗/攻击机中队（12 架 F/A—18C）、第 97 战斗/攻击中队（12 架 F/A—18C）、第 52 攻击机中队（16 架 A—6E）、第 114 空中早期预警机中队（4 架 E—2C）、第 134 战术电子战中队（4 架 EA—6B）、第 37 反潜直升机中队（6 架 S—3B）、第 4 反潜崮升机中队（6 架 SH—60F、2 架 HH—60H）。

各飞机中队是基本的行政组织和战术单位，人员编制不等，其中：战斗机中队负责实施全天候空中作战，建立和保持制空权；战斗/攻击机中队负责全天候空中作战和对敌攻击战，夺取制空权，攻击敌方地面或海上目标；攻击机中队负责用常规和核武器实施全天候作战，攻击敌方海上或陆岸目标；战术电子

美国“小鹰”号常规动力航空母舰

战中队负责实施电子对抗和电磁攻击，夺取战场制电磁权；空中早期预警机中队负责为航母战斗编队及友军提供全天候雷达预警和侦察勤务，担负航母舰载机的空中指挥引导；反潜机中队负责实施全天候反潜作战，确保航母战斗编队的安全。

第15舰载机联队编制总人数2480人，其中军官320人。联队长由资深飞行军官担任，海军上校军衔，负责联队的作战、情报、通令、战备、训练等工作，战时负责制订空袭作战计划，对各飞机中队实施战术控制。该联队平时驻岸上，受太平洋舰队航空兵司令部的行政领导；参加训练或执行任务时随舰活动，此时行政上受航空母舰舰长的领导，作战上直接受航母战斗编队司令指挥。

常设航母战斗群美国海军航空母舰在执行任务时，一般配属4～8艘水面作战舰只、1～2艘潜艇和1～2艘后勤辅助舰船，组成航母战斗群。从1992年6月起，美海军一改过去临时抽各

“小鹰”号

型舰船组成航母战斗群的做法，以12艘航母为核心组建了12个常设航母战斗编队，每个航母战斗群所辖兵力平时即在一起训练、一起部署，从而大大提高了航母战斗群的应急反应能力。

“小鹰”航母战斗群由“小鹰”号航空母舰、第15航母舰载机联队组成，现配属2艘“提康德罗加”级导弹巡洋舰、2艘“伯克级”导弹驱逐舰、2艘“斯普鲁恩斯”级驱逐舰、1艘“洛杉矶”级核动力攻击潜艇和1艘“萨克拉门托”级快速战斗支援舰。

“小鹰”航母战斗群司令部设在“小鹰”号航空母舰上，编制人数为70人（其中军官25人），下设人事、情报、作战、通信和后勤5个科，负责对航母战斗群编制内的所有空中、水面和水下兵力实施作战指挥和战备训练，司令为海军少将军衔。

美国“小鹰”号常规动力航空母舰

# 最大的航母

“尼米兹”级航空母舰是当今世界海军威力最大的海上巨无霸，是美国海军独家拥有的大型核动力航空母舰，它的巨大威力令任何海上对手都望尘莫及。可以说，“尼米兹”级航母是当代航空母舰家族中最具代表性的一员。

“尼米兹”级是美国海军第二代航母，全部由位于美国东部弗吉尼亚州的纽波特纽斯船厂建造。

第 1 艘“切斯特 · W · 尼米兹”号（CVN—68）于 1968 年 6 月 22 日开工，1972 年 5 月 13 日下水，1975 年 5 月 3 日服役；

第 2 艘“德怀特 · D · 艾森豪威尔”号（CVN—69）于 1970

“尼米兹”级航空母舰

年8月15日开工，1975年10月11日下水，1977年10月18日服役；

第3艘“卡尔·文森”号（CVN—70）于1975年10月11日开工，1980年3月15日下水，1982年3月13日服役；

第4艘“西奥多·罗斯福”号（CVN—71）于1981年10月31日开工，1984年10月27日下水，1986年10月25日服役；

第5艘“亚伯拉罕·林肯”号（CVN—72）于1984年11月3日开工，1988年2月13日下水，1989年11月服役；

第6艘“乔治·华盛顿”号（CVN—73）于1986年8月25日开工，1990年7月21日下水，1992年7月4日服役；

第7艘“约翰·C·斯坦尼斯”号（CVN—74）于1991年3月13日开工，1993年11月11日下水，1995年6月9日服役；

第8艘“哈里·S·杜鲁门”号（CVN—75）于1993年11月29日开工，1996年9月13日下水，1998年7月25日服役；

第9艘“罗纳德·里根”号（CVN—76）于1998年2月9日开工，2002年服役；

第10艘“布什”号（CVN—77），2003年开工，2009年5月11日交付使用。

由于“尼米兹”级建造时间有数十年，所以各舰之间有一些差别，仅排水量一项，前3艘标准排水量为81600吨，满载排水量为91487吨，第4艘“罗斯福”号满载排水量则达到了96386吨，而其后的“林肯”号、“华盛顿”号、“斯坦尼斯”号、“杜鲁门”号、“里根”号满载排水量均超过100000吨。此外，随着科技的进步，舰上设备也有很大改变。像“杜鲁门”号就融入了信息技术的最新成果，如大量使用光纤电缆以提高数据传输数率；布设了 IT—21 非保密型局域网，将计算机、打印机、复印机、作战兵力战术训练系统、舰艇图片再处理装置、数字化综合印刷及综合数据库等连接为一体，实现了无纸化办公。舰员还配备了数字身份卡，舰载机的起降设备也增设了电视监视系统。下面的数据以该级第 7 艘“斯坦尼斯”号为标准。

“斯坦尼斯”号航空母舰

“斯坦尼斯”号全长 317 米，宽 40．8 米，吃水 11．9 米，标准排水量 79973 吨，满载排水量 10550 吨，载航空燃油 9000 吨。其飞行甲板长 332．9 米（斜角甲板长 237．7 米），宽 77．8 米，面积超过了 3 个足球场。舰内从机库甲板以上分为 9 层，其中 5 层在岛式上层建筑内，机库甲板以下除双层甲板外又分为 8 层。整个舰从龙骨到桅顶高为 76 米，相当于 20 层高楼。

“斯坦尼斯”号的动力装置为 2 座通用电气公司的 A4W/A1G 压水堆和 4 台蒸汽轮机，反应堆热效率为 25．6%，每个反应堆驱动 2 台蒸汽轮机，总功率高达 26 万马力，最高航速 30 节，燃料可持续使用 15 年，续航力在 80 万～100 万海里，自持力为 90 天。它配备的是最新型的 C—13—2 型弹射器，在直角甲板和斜角甲板上各有 2 座。4 座弹射器如果同时使用，在 1 分钟内可将8架飞机送上天。斜角甲板着舰区设有4道拦阻索和1道拦阻网，飞机回收间隔是35～40秒/架。机库长208米，宽33米，高约8米。将飞机从机库运送到甲板再到起飞，可在15～20分钟内完成。它现在配备的是美军的“标准型”舰载机联队，总数有80架左右，但在紧急情况下，载机可达100架。

“斯坦尼斯”号装有3座“海麻雀”舰空导弹发射装置和4座“密集阵”近防系统。其电子设备为：对空为SPS—49（V）5和SPS—48E（V）（三坐标）雷达；对海为SPS—67V雷达；导航雷达为LN—66；火控雷达为MK—99。电子对抗为4座MK—36干扰箔条发射器和SLQ—36拖曳式鱼雷诱饵。

“斯坦尼斯”号的生存力极强，舰体除设有若干道纵向隔舱外，还有23道水密横隔壁和10道防火隔壁。舰体和甲板采用高弹性钢，可以抵御穿甲弹的攻击。在舰的两舷设有隔舱系统，弹药库、机舱等重要部位的顶部和两侧还装有63．5毫米厚的“凯芙拉”装甲。舰上设有30个损管队，设有泡沫消防装

“斯坦尼斯”号航空母舰

置。泵设备能在20分钟内调整舰体15度横倾。“斯坦尼斯”号人员编制为5984人，其中航空人员为2800人，它有6410个床铺、544张办公桌、813个衣柜、924个书架、543个公文柜、5803把椅子和29814个照明灯，舰上还设有数十个仓库，有邮局、电台、电影院、百货商店、照像馆、洗衣房、医院等，可以毫不夸张地说，“斯坦尼斯”号就是一个地地道道的“海上城市”。

“斯坦尼斯”号的作战能力是很惊人的，其舰载机所能控制的空域和海域可达上千千米，其自身一昼夜机动也有500海里。它的舰载机可以24小时不停顿地进行战斗巡逻，每天可出动200多架次的飞机，其载机比例还可以根据实际情况随时进行调整，以适应不同作战任务。

## 最小的航母

泰国“皇家公主”号航空母舰是世界上最小的航空母舰。

“皇家公主”号航空母舰

泰国“皇家公主”号航空母舰于1997年8月正式服役，满载排水量11485吨，为轻型直升机航空母舰。

“皇家公主”号舰长182．6米，舰宽30．5米。推进装置为双轴双桨，主机为两台LM—2500燃气轮机（46400马力）并增设两台巡航柴油机（11780马力），使动力系统变为燃一柴联合动力，航速26节，续航力为10000海里/12节；在舰载武器方面，加装8单元点防御导弹系统、4座近程反导火炮系统，搭载垂直/短距起降飞机9架，直升机6架。舰员452人，其中航空人员146人。

**制造及诞生**　泰国既是个大陆国家，又是个海洋国家，20世纪80年代国防战略重点是陆上边界。但随着越南从柬埔寨撤军，泰国的战略重点开始转向海上，海军建设进入了快车道。为了担负保护国家安全、捍卫海洋权益以及海上救灾等使命，泰国海军决定引进1艘轻型航空母舰，并邀请国外9家造船公司进行竞标。

“皇家公主”号航空母舰

1992 年 3 月，西班牙巴赞造船公司以建造“亚斯图里阿斯王子”号轻型航母的资历一举中标，并于 1994 年 7 月 12 日开工兴建这艘名为 R911“皇家公主”号的轻型航空母舰。1996 年 2 月 20 日该舰下水，1997 年 8 月 10 日正式服役，从而成为世界上最小的航空母舰。

## 唯一采用核动力的中型航母

20 世纪 80 年代初，法国海军的 2 艘“克莱蒙梭”级常规动力航母的舰龄已超过 20 年，舰体老化与装备陈旧的问题日益突出；加之法国航母及舰载机的作战能力在北约各国中仅次于美国，一旦“克莱蒙梭”号退役，若没有新的较高性能的航母接替，将难以适应法国海军执行未来海战任务的需要。

“夏尔·戴高乐”号航母被法国称为“欧洲旗舰”

1983 年，法国海军在多方论证之后，终于决定建造一种能搭载高性能战斗机和固定翼预警机的中型核动力航母。1986 年 2 月，命名为“夏尔·戴高乐”级的核动力航母的首制舰“夏尔·戴高乐”号的建造合同正式签订，其总建造费约29亿美元(包括研制费等)。1989年4月14日，该航母由法国舰船制造局下属的布雷斯特造船厂开始动工兴建。经过5年多的建造，于1994年5月下水。该舰于1997年2月1日移交给法国海军进行海试，并于1998年正式服役。“夏尔·戴高乐”号入役后，替代部署在以土伦为母港的地中海舰队中的“克莱蒙梭”号航母。必要时它可前出到红海、波斯湾、印度洋和南太平洋等海域作战。该级第2艘航母“里舍利厄”号于1998年开工建造，2004年该舰替换了已服役42年的“福煦”号航母。“里舍利厄”号的建造费仅17.4亿美元。

一贯崇尚标新立异、独立自主的法国，在建造“夏尔·戴高乐”号航母的过程中，既充分吸取了“克莱蒙梭”号和国外其他级航母的成功经验，又注重改正和克服它们的缺陷，使“夏尔·戴高乐”号航母成为独具魅力的跨世纪舰母。

“夏尔·戴高乐”号航母是欧洲最大水面舰只

## 核反应堆结构紧凑

“夏尔·戴高乐”号是法国第一级核动力水面战舰，同时也是世界上唯一一级采用核动力的中型航空母舰。舰上的动力装置采用了2座在法海军“胜利”号弹道导弹核潜艇上安装的K—15一体化自然循环压水堆，双堆热功率300兆瓦，总功率8．3万马力，可为航母提供27节航速。K—15反应堆结构紧凑，装在密闭坚固的钢质结构内，且舷侧部分有特殊结构保护，可有效地防止核事故的发生。2座核反应堆分别布置在前后机舱内。

## 蒸汽弹射器性能优良

该舰轴向甲板和斜角甲板上各装一部美国研制的改进型C—13蒸汽弹射器。每部弹射器每隔20秒就可弹射1架飞机。最大弹射距离达99米，可使舰上搭载的最重的飞机以360千米/小时的速度弹射出去。相比之下，“克莱蒙梭”号上的C—11蒸汽弹射器的最大弹射距离仅为56米，最重飞机弹射离舰后的速度只有240千米/小时。

## 战术数据系统和数据链先进

“夏尔·戴高乐”号上首次安装了“塞尼特”战术数据系统和16号数据链。由于未来法国海军的主要战舰、“狂风”战斗机和预警机，以及法国陆、空军和北约其他各国军队都将配备能与16号数据链对接的多功能情报分布系统终端，所以“夏尔·戴高乐”号舰上设置的自动化指挥中心通过使用“塞尼特”数据系统和16号（及14号和11号）数据链，不仅能够随时接收和处理本舰所有探测设备发来的信息，而且能够实时获

"夏尔·戴高乐"号是法国自行建造的首艘核动力航母

得和迅速处理来自外部其他设备的信息，从而最终对整个战区的战术态势作出全面准确的判断，及时指挥编队内各作战单位，对不同威胁目标作出快速反应。

**搭载全新的"狂风"舰载战斗机**　"夏尔·戴高乐"号搭载较高性能的战斗机。法国"克莱蒙梭"号和"福煦"号航母迄今仍搭载大批美制战斗机——"十字军战士"，以及20世纪70年代后期装备的法制"超军旗"攻击机。此外，还有"超军旗"侦察与海上警戒机、"贸易风"反潜机。其中，除"超军旗"攻击机服役年限不算太长、性能较为先进外，其余类型飞机实在太老旧，难以适应跨世纪海战的需要。法国有关部门对此考虑再三，曾经几易想法。最初曾考虑改装空军的"幻影2000"战斗机，可是后来发现，它的升力线斜率太低，较大迎角时的飞行特性不够好，难以改装成为一型性能良好的舰载机。于是，法海军又把目光转向了英国的"海鹞"垂直短距起落战斗机和美国的F/A—18"大黄蜂"战斗攻击机，结果这两者也都被否决。主要原因一是法国"二战"之后一直对本国科技和工业采取明确、坚定的保护政策，不到万不得已，决不向国外购买武器装备；二是F/A—18和“海鹞”并不完全符合法国中型核动力航母的特点与要求；三是法国历来重视武器装备的出口创汇，希望通过研制本国的新型舰载机，提高其性能，与美国和俄罗斯等争夺战斗机的世界市场。最后，法国决定研制一型比“幻影2000”更先进，且陆、舰通用的战斗机——“狂风”战斗机。

1985年12月7日，“狂风A”战斗机顺利出厂；时隔不到一年半，该机就首先完成了在“克莱蒙梭”号航母上的进场测试；此后，“狂风”又先后进行了300多次昼间和夜间模拟在航母起降的试验，并进行了进一步改进。更换了原先的GEF404发动机，改用推力更大的法国斯奈克马公司的M88—2型涡扇发动机，同时改用光纤传送数位飞控系统的信号。

“狂风”战斗机采用双三角翼加近耦鸭式布局，空重约11吨，机身采用传统的半硬壳式结构，其中50%为碳纤维材料；

“狂风”战斗机

大部分机身中段与机身段蒙皮为铝锂合金，垂直尾翼主要为碳纤维蜂窝结构。机上的主要武器装备有：一门装在右侧发动机侧面的30毫米“德发544”机炮；武器外挂架14个，分别为机身下4个、翼下6个、翼尖2个、进气道下2个。该机在执行截击任务时，可挂“米卡”中距拦截空空导弹和“魔术”近距格斗空空导弹；执行对地攻击任务时，可挂“米卡”空空导弹和常规炸弹。该机还可携载ASMP中程核导弹，弹头当量20万吨，以实施战略和战术核打击。海军舰载型“狂风”与陆基“狂风”相比，最明显差别是加强了主起落架，使之能承受着舰时所需的6米/秒的下沉速度；前起落架也作了修改，使之能适应牵引弹射机构，并承受牵引弹射载荷；在机身尾部加装了着舰尾钩；机体结构也作了相应的加强和修改。根据法国海军规划，“夏尔·戴高乐”号航母将只搭载“狂风”战斗机和从美国购进的E—2C“鹰眼”预警机，以及几架直升机；至于航

不要命的短距起落强者“狂风”战斗机

母上的反潜、侦察、加油等机种，都选取“狂风”的改型。

防空武器系统完备为了提高航母抵御和抗击空中威胁的能力，该舰配置了较强的防空武器。主要有4套8单元“萨阿姆”舰空导弹发射系统和2套6联装“萨德拉尔”舰空导弹发射系统。“萨阿姆”系统能同时跟踪反舰导弹和反辐射导弹目标，采取垂直发射，所发射的“紫菀—15”舰空导弹的最大射程为15千米，机动性强，可拦截多种类型的高机动目标。“萨德拉尔”系统发射的“西北风”导弹采用红外制导，最大射程为6000米，对3米以上掠海飞行目标具有较好的拦截能力。上述两型导弹相互配合，再辅以“萨盖”箔条红外干扰系统和电子战设备，可在以航母为中心的15千米范围内形成软硬手段相结合的3层保护。

法国“夏尔·戴高乐”号航空母舰

适航性能好，生存能力强“夏尔·戴高乐”号采取各种措施，大大提高了航母的生存能力和适航性能。从舰底至飞行甲板形成了一个箱形结构，增加了舰体的强度，该舰共设有15层甲板，由纵横舱壁隔成20个水密舱段，约2200个舱室，具有较强的抗沉性。舰体水下部分采用双层或多层结构，并增强了船底板强度；机舱、弹药舱周围均采用装甲防护，备用弹药库设在水线以下；主要作战舱室、岛形上层建筑等均使用“凯夫拉”碳纤维装甲防护；绝大多数舱室为封闭结构，以保持正压，从而达到防核、生、化的能力。

在舰舭部安装了两对主动式减摇鳍；艉部安装了一对抗横摇舵架和一套快速调整的压载系统。上述措施可使该航母横倾角减小，横倾周期增大，能在比较恶劣的海况下保证舰载机正常起降。

“夏尔·戴高乐”号航母标准排水量为35500吨，满载排水量为39680吨；舰长261．5米，宽31．5米，吃水8．5米（飞行甲板长261．5米、宽64．4米）；最大航速27节。

# 第三章　二战中的航母

## 英国“光辉”号航母夜袭塔兰托

塔兰托港位于亚平宁半岛南部塔兰托湾东北部，与马耳他相距约520海里，是意大利海军的主要基地。这里自然条件优越，拥有保障各种舰艇所必需的一切设施。塔兰托港包括内港

英国航母“光辉”号

英国海军“光辉”号航母

和外港，内港三面被陆地包围，面积较小，外港由一条水下防波堤环抱，面积较大，能停泊较多舰艇。

1940 年 10 月 28 日，意大利入侵希腊。作为希腊盟友的英国自然不能置之不理。为了对付意大利进攻希腊造成的局势，应希腊政府的要求，英国于 10 月 30 日进驻希属克里特岛，以此为前进基地。但意大利海军当时比较强大，依托塔兰托港，掌握着地中海中部海域的制海权。海军兵力在岸基航空兵的支援下，可破坏英国在地中海的海上交通线，并对英地中海舰队构成严重威胁。为此英国必须寻机歼灭意大利的海军兵力，确立英国大型水面军舰在地中海的优势。

当时，由于英国航空母舰“光辉”号、战列舰“勇士”号和两艘防空巡洋舰已加入地中海舰队，英军在地中海的海军实力有了显著增长，特别是舰载飞机有了加强。装备有新式战斗机和雷达设备的“光辉”号航空母舰，击落了一些意军的侦察机和轰炸机，从而使英国舰队的行动能不被意军发现。于是英国地中海舰队司令坎宁安海军上将决定将已筹划的夜袭塔兰托计划付诸实施，以消灭集结在塔兰托港的意大利海军主力。

参战部队被编成5个兵力群，即突击群、掩护群、侦察群、佯动群和战果扩大群。各兵力群的编成和任务区分是：①突击群，由新型航空母舰“光辉”号、“鹰”号和担任警戒的4艘巡洋舰、4艘驱逐舰组成。突击任务由21架“剑鱼”式舰载机担任。主要突击目标是停泊在塔兰托外港的战列舰。舰载机分为2个攻击波。第一波编有飞机12架，其中鱼雷机6架，每架飞机挂装磁性引信鱼雷1条；轰炸机4架，每架飞机挂装炸弹6枚；照明机2架，每架飞机除挂装4枚炸弹外，还携带照明机16枚。第二波编有各种飞机9架，其中鱼雷机5架、轰炸机2架、照明机2架。②掩护群，由2艘战列舰、2艘巡洋舰和12艘驱逐舰组成，配置在塔兰托港与突击群之间的水域，以截击驶离塔兰托的意大利舰队。③侦察群，由驻马耳他岛的岸基航空兵组成，任务是对塔兰托港实施不间断的侦察，及时提供情报保障。④佯动群，由3艘巡洋舰和2艘驱逐舰组成，代号为x部队，任务是在11日夜袭击奥特朗托海峡的意海上运输舰队。⑤战果扩大群，由驻希腊机场的轰炸航空兵组成，任务是在突击群行动后的第二天，摧毁塔兰托港的船坞（后未执行）。

为了奇袭塔兰托，英军事先进行了一系列迷惑敌人的活动。除向亚历山大港增援一批舰只外，仍照常以护航方式，保持马耳他和亚历山大港之间的相对航行，以麻痹意方，英国驻直布罗陀舰队也采取了频繁的配合行动，以吸引意方的注意，使其加紧对地中海西部巡逻。与此同时，一支英国舰队却悄悄地向塔兰托逼近。11月9日，意大利作战部门发现塔兰托以南556公里海域有英舰，但误认为是英舰的常规护航行动。这一失误为英舰奇袭创造了有利条件。

11 月 11 日傍晚，1 架英军侦察机对塔兰托港实施了侦察，发现“所有军舰均在港内，丝毫没有离港的迹象”。这样英军就不担心意舰在攻击之前出海了。11 月 12 日晚的气象符合攻击要求，月明无雾，袭击的兵力原定为两艘航空母舰的舰载机，但因“鹰”号航空母舰临时发生事故，不能参战，于是决定“光辉”号航空母舰单独执行此项任务，并将“鹰”号上的 5 架鱼雷轰炸机转移到“光辉”号上。11 月 12 日晚 8 时，“光辉”号航母驶到距塔兰托港 170 海里的爱奥尼亚海海面，接近希腊的克法利尼亚岛时，一切袭击准备工作均已完成。于是英舰载机分两波出动，每波以照明机引导，轰炸机居中，鱼雷机殿后。第一波 12 架 20 时 40 分起飞，23 时到达塔兰托港上空。一小时后，第二波 9 架也到达。虽然意军有所准备，反击的高射炮火也比较猛烈，但因有月光，加上照明机照明视界良好，意军停泊在外港的战列舰，轮廓非常清楚，故袭击效果很好，重创了意战列舰 3 艘（“利托里奥尼”号、“加富尔”号、“杜伊利奥尼”号），击沉巡洋舰 2 艘、轻伤战列舰 1 艘。港内的造

满载着“剑鱼”式攻击机的“光辉”号航空母舰

船厂、油库也遭到严重破坏，英军仅有两架飞机被击落，其余全部安全返回“光辉”号。

这次袭击开创了使用航母舰载机突袭敌海军基地并取得完全胜利的先例。自此以后，英、意在地中海海军力量的对比发生了很大的变化，从而在一定程度上确立了英国在大型水面舰艇方面的优势，有利于英国在北非作战和在巴尔干支援希腊。英军这次突袭之所以能取得成功，主要是因为：

第一，英军对这次奇袭进行了长时间的筹划和准备，对进攻的各个细节都进行了详尽考虑。在条件不成熟时，宁可一再延期而不轻举妄动。英地中海舰队总司令早在10月就几次考虑实施进攻，但因月色和天气等条件而一再推迟，直到11月中旬条件成熟时才发动进攻，从而使奇袭一举奏效。

“光辉”号航空母舰

第二，意军对空防御装备落后，准备不足。意大利海军总部曾考虑到塔兰托港可能会遭到英军的空中攻击，因而也采取了一些预防措施，以保护港内的舰艇安全，如在港区配置了21个102毫米高炮连、84挺重机枪和109挺轻机枪，以掩护整个港口。这些防空部队数量不少，但装备陈旧，而且没有夜间对空作战能力。12 个探照灯虽是现代化的，但其中有 9 个位置配置不当。此外停泊在外港的舰艇需要 12800 米水下防雷网，但意军只设置了 1/3（4200 米）。此外，在塔兰托港的防御中，意军没有施放烟雾的设备。

第三，英军掌握了作战海区的制空权。意大利侦察飞机跟踪英军舰队时，不是被英军舰载机击落就是被赶跑，意大利空中侦察工作无法进行。就在攻击前 1 天，11 月 11 日，英国舰群向爱奥尼亚海和亚得里亚海前进，既未被意军发现，更未受到阻击，从而使英舰于 20 时 30 分顺利到达离塔兰托港 170 海里处。

## 日本偷袭珍珠港的六艘航母

1940 年春夏之际，希特勒以“闪电战”横扫西欧，英军退守英伦三岛，日本军国主义者认为这是向南推进，夺取英法荷在东南亚的殖民地，攫取战略资源的大好时机，日本朝野上下爆发出阵阵“不要耽误了末班车”的嚣叫。近卫文麿在东条英机等陆军将领的支持下再次组阁，近卫一上台马上决定与德、意建立军事联盟，扩大侵略。1940 年 9 月 27 日，日本与德、意签订了三国同盟条约，矛头直指美英。

日本海军联合舰队司令官山本五十六海军上将认为，对日本占领东南亚最大的障碍是美国。一旦日美开战，美国太平洋舰队主力必然会从珍珠港出击，从侧翼对日军的东南亚进攻进行牵制。所以首先必须去掉后顾之忧，先摧毁美国太平洋舰队

日本偷袭珍珠港

在珍珠港的主力，迫使美国订立城下之盟。

1941 年 2 月，山本制订“Z 作战计划”，其成功完全有赖于两个假设：一是在袭击时，美国太平洋舰队正停泊在珍珠港内；二是一支大型的航空母舰舰队渡过半个太平洋而不被发现。只有赌徒才会冒这个险，而山本恰恰是赌博高手，他常对身边的参谋说，赌徒的思维在他思考问题时经常起作用：一半靠计算，一半靠运气。他决心要大赌一场：“或是大获全胜，或是输个精光。假如我们袭击珍珠港失败了，这仗就干脆不打了。”

由于“Z 作战计划”过于冒险，不仅海军军令部极力反对，就连执行奇袭任务的第 1 航空母舰特混舰队司令长官南云忠一海军中将，起初也表示怀疑。但山本坚持己见，认为同美国交战本身就没有什么获胜的希望可言，明知如此，还要硬打的话，只有一开始就尽全力先发制人给敌人狠狠一击，给敌人造成困难和障碍。除此之外，别无它法。日海军军令部犹豫不决，山本最后提出，如果海军军令部不同意“Z 作战计划”，他将不惜辞去联合舰队司令官职务，同时还表示，如果南云海军中将不完全赞同，那么就由他亲自率领航母舰队出征。面对山本最后的要挟，日海军军令部不得不批准了“Z 作战计划”。

日本立即投入到紧张的备战。日军鱼雷轰炸机的飞行员，在南方鹿儿岛海湾上空，模拟珍珠港地形，进行特技表演似的攻击训练。与此同时，海军情报部门向夏威夷派出了间谍，侦察美太平洋舰队进出珍珠港的情况；为了保证袭击成功，防止泄密，除了参与策划的人员外，包括航母舰长在内，谁也不知道有何作战任务，并实行了严格的信件检查制度；让海军士官学校的学生穿上正式军服到东京参观，造成日本海军没有任何战争准备的假象，以欺骗国外视线。为了进一步迷惑美国，外交部派遣前驻德大使来栖三郎作为“和平特使”赴美，协助野

日本偷袭珍珠港

村舍三郎大使与美进行和平会谈。

在诸多准备基本就绪后，11 月 5 日，山本根据军令部的指示下达了“联合舰队绝密第 1 号作战命令”，概括了行动开始后的第一阶段内海军的战略，不但包括对珍珠港的袭击，还包括对马来亚、菲律宾、关岛、威克岛、香港和南洋等地同时进行袭击。山本又把所有舰长和飞行队长都集中在他的旗舰“长门”号上，把袭击珍珠港的计划告知了他们。在 24 小时内，山本又发布了第 2 号命令，初步确定袭击时间为 12 月 8 日，星期日，凌晨 3 时 30 分（夏威夷时间 12 月 7 日，星期日，凌晨 8 时）。日本进入了临战状态。

日本偷袭珍珠港

## 这里的黎明静悄悄

11 月 16 日，代号为“机动部队”的特混舰队在内海口集中。这是一支庞大的舰队，由海军中将南云忠一指挥，它包括 6 艘航空母舰、2 艘配备有 14 英寸口径大炮的快速战列舰、2 艘重型巡洋舰、1 艘轻型巡洋舰、9 艘驱逐舰、3 艘油船和 1 艘给养船。

根据山本五十六的命令，南云机动部队为了隐匿作战意图，故意错开各舰艇编队的出发日期，于 17 日陆续开始向舰队集结地点——千岛群岛南端择提岛（现属俄罗斯）的单冠湾进发。

1941 年 11 月 24 日，根据山本的指令，参战舰船集结完毕即做好远航的最后准备。11 月 25 日，山本向南云发出了绝密作战命令："机动部队务于 11 月 26 日出发，竭力保持行动隐蔽，12 月 3 日傍晚进入待机海域并加油完毕。"

11 月 26 日晨 6 时，南云机动部队起锚出港，由 3 艘潜艇为先导，悄消地航行在波涛汹涌的北太平洋上，极其诡秘地驶向北纬 42°、西经 170° 的待机海域，他们将在那儿等待最后命令——进攻。

但华盛顿的日美谈判还在装模作样地进行。日军还派出大量舰机在日本本土活动，并模拟航空母舰编队，频繁进行无线电联络，以给美国造成"其主力舰队仍在本土活动"的错觉。而珍珠港的美军则疏于防范，周末照常放假，港内一派和平景象。（近来有历史学家认为，美国最高当局已获悉日本舰队出动的情报，但罗斯福总统和总参谋长马歇尔决定不通知珍珠港守军，让珍珠港遭受日军的攻击，为美国参战找到借口）

南云机动部队一直保持着无线电静默，只收不发，沿预定的北航线向东迂回前进，以避开美国的巡逻飞机和商船。航行出人预料地顺利，一连多日浓云密布，有如一个天然的帷幕将庞大舰队的行动遮蔽了起来。海面也没有出现冬季常常掀起的巨浪。

12 月 2 日，正当南云机动部队越过东西经日期变更线，进入中途岛以北的西经海域时，山本用新密码给南云发出密令：

日本偷袭珍珠港

“攀登新高峰1208”，意即按原计划12月8日（夏威夷时间12月7日）发起攻击。南云随即下令各舰长熄灯行驶，并把“Z作战”行动向全体官兵传达，随时做好战斗准备。

12月3日，南云机动部队转向东南。12月6日，油船给部队加满了最后一次油，离开编队。作战部队随即转向正南，航速增加到24节，高速逼近珍珠港。12月8日（夏威夷时间12月7日）黎明，南云机动部队到达珍珠港以北约230海里处。航空母舰开始转变航向，朝北逆风行驶。南云的旗舰“赤城”号升起了“Z”字旗。

## 虎！虎！虎！

12月7日早上6时，南云机动部队接到了进攻命令，各航空母舰飞行甲板上的绿灯亮了，飞机一架接一架飞离航母，不到15分钟，担任第一波攻击任务的183架飞机就全部飞离甲板，其中战斗机43架、水平轰炸机49架、鱼雷机40架、俯冲轰炸机51架，在领航机信号灯导引下，迅速编好队形，然后绕舰飞行一周，在渊田美津雄海军中校的率领下扑向珍珠港。

此时美军太平洋舰队停泊在珍珠港内的舰船计有战列舰8

艘、重巡洋舰2艘、轻巡洋舰6艘、驱逐舰29艘、潜艇5艘、辅助舰船30艘。岸上机场停有飞机262架，其余的2艘航空母舰、8艘重巡洋艇和14艘驱逐舰分别在威克岛、中途岛运送飞机，以及在约翰斯顿岛演习。由于是星期天，大部分官兵离开了战斗岗位，整个珍珠港呈现出一派假日景象，没有一点戒备。

日本偷袭珍珠港

7时49分，日军发出突击信号，各飞行突击队立即展开攻击队形，俯冲轰炸机队率先顺山谷进入。7时55分，成批炸弹暴雨般倾泻到美太平洋舰队基地四周的希凯姆机场、惠列尔机场和福特岛机场，将机场上成比翼排列的数百架美机炸成一堆堆废铁，摧毁了机库。仅仅几分钟，日本人就彻底敲掉了珍珠港的防空设施。执行任务的飞机随即向“赤城”号航空母舰上的南云拍发了袭击成功的信号：“虎！虎！虎！”

7时57分，日本鱼雷机从几个方向突入，在仅仅掠过水面12米的高度上，向福特岛东西两侧的美国军舰发射鱼雷。8时05分，日本水平轰炸机从正西方向进入，再次轰炸了福特岛东侧停泊的战列舰，同时轰炸了高炮火力集中的依瓦机场。大火和爆炸引起的烟雾，顿时遮蔽了整个珍珠港，不少美国军舰来不及做战斗准备就沉入了海底。8 时 40 分，第一攻击波攻击结束，日机顺利完成首次空袭任务后返航。

日军担任第二波攻击的 168 架飞机，于 7 时 15 分起飞，8 时 46 分展开攻击队形，从瓦胡岛东部进入，8 时 55 分开始攻击，俯冲轰炸机主要攻击浓烟滚滚的美国舰船，水平轰炸机则继续攻击各机场，战斗机担任空中掩护。与此同时，潜入珍珠港内的日本袖珍潜艇也施放水雷，发射鱼雷，攻击美舰，封锁港口。

重创美国太平洋舰队在日机第一攻击波袭击开始时，美军混乱不堪，惊慌失措，毫无招架之力。岛上高射炮直至 6 分钟后才零星射击，33 个高炮连，仅有 4 个连开火，但击落日机甚少。港内的海军人员在最初的几分钟内，几乎没人能够意识到正在发生什么事情。排列在舰列最后的战列舰“内华达”号刚

日本偷袭珍珠港

升起舰旗，就被日机上的机关炮撕得粉碎，大惊失色的升旗手紧接着又升起几面星条旗，无一不被打烂。当第一枚鱼雷命中战列舰“亚利桑那”号时，美国人还是一副难以置信的表情。战列舰“马里兰”号正在升旗，一名水兵漫不经心地对一群冲向附近机场飞机看了一眼，还以为是自己的飞机，没等他回过神来，炸弹已落在头上。直到8时，美太平洋舰队司令部才把一份十万火急的电报发往海军部：“珍珠港遭空袭，这不是演习。”此时，“俄克拉荷马”号和“西弗吉尼亚”号已被炸裂了，“亚利桑那”号和1000名水兵也被弹药库引发的一系列毁灭性爆炸淹没了。到这时，美军舰上惊魂初定的高射炮手才投入战斗，但效果甚微。8时15分，美军未遭日机轰炸的哈罗瓦机场起飞了4架战斗机，此后陆续起飞25架，与日军飞机展开了空战，但由于寡不敌众，仓促应战，协同不好，因而或被日军战斗机击落，或被美军自己的高射炮击毁。正在返航的美航空母舰“企业”号上18架俯冲轰炸机，和从美国本土飞来的12架“空中堡垒”式飞机，刚飞到珍珠港上空，就遭到日本“零”式战斗机的攻击。一名美军飞行员喊到：“不要开炮！不要开炮！这是美国飞机！”话音刚落，他的飞机就中弹了。将近2个小时，日本人控制着珍珠港的海空，随心所欲地进行着轰炸扫射。

8时50分，正当日本第二攻击波飞机飞临瓦胡岛上空时，美国国务卿赫尔才接到野村大使和来栖特使递交的最后通牒，日本外交部规定递交通牒的时间是华盛顿时间下午1时，但延误了50分钟。赫尔顿时目瞪口呆，愤怒地说：“在我整整50年的公职生活中，从未见过这样一份充满卑鄙的谎言和歪曲的文件。”日本人无言以对，狼狈退出门去。门关上后，这时赫尔破口大骂：“无赖，该死！”

日本偷袭珍珠港

10 时整，日本飞机全部撤离珍珠港，返回母舰。得意扬扬的渊田，要求南云再发起一次攻击，摧毁珍珠港的修船厂和油库，并建议派出搜索机，搜寻美航空母舰。南云没有同意，认为这一战，舰船油料几乎耗尽，如果在这里耽搁，舰船就开不回去了。于是他下令北撤。同来时一样，日本舰队迅速地、静悄悄地溜走了。而此时美国人几乎还处在目瞪口呆之中。

这是一场海上、水下、空中闪电式的立体袭击战，在短短的 1 个多小时里，日军共投掷鱼雷 40 枚，各型炸弹 556 枚，共计 144 吨。击沉、击伤美军各型舰船总计 40 余艘，其中击沉战列舰 4 艘、重巡洋舰 2 艘、轻巡洋舰 2 艘、驱逐舰 2 艘和油船 1 艘；重创战列舰 3 艘、巡洋舰 2 艘和驱逐舰 2 艘；击伤重巡洋舰 1 艘、轻巡洋舰 4 艘、驱逐舰 1 艘和辅助船 5 艘。击毁飞机 265 架。美军伤亡惨重，总计 2403 人阵亡，1778 人受伤。日军只有 29 架飞机被击毁，70 架被击伤，55 名飞行员死亡，5 艘袖珍潜艇被击毁，1 艘袖珍潜艇被俘。日本联合舰队司令官山本五十六赢得了这场赌博，这是他最为冒险、收益最大的一次赌博。这一赌使他名震世界海战史。

# 航母的首次对决

1942 年初，日军在短短的数月时间内，就占领了整个东南亚。这时的日军军力可说是如日中天。相反，美国及其盟友屡战屡败。这时的盟军正积极地从失败中学习，囤积军备，准备在适当的时候对日本做出反击。盟军这时的战略是尽快提升美国陆军及美国海军陆战队在新喀里多尼亚岛（所罗门群岛以南）上的兵力，同时也提升澳大利亚陆军及澳大利亚皇家空军在新几内亚以南和以东的军力。

1942 年 4 月，日本舰队驶离位于新不列颠岛拉包尔的基地，

美国“列克星顿”号在珊瑚海海战中受创

向新几内亚岛东南端的莫尔兹比港和位于所罗门群岛南部的图拉吉岛进行登陆作战。日军这次两面夹攻的目的有主要三个：第一，控制拥有水上飞机基地的所罗门群岛及周围海域。第二，攻克摩斯比港（此港是联军在日本与澳大利亚之间的最后一个联军基地）。第三，希望在达成第一和第二个目标之后，能迫使美国的航空母舰编队加入战局，从而有机会将其歼灭。

关于日本人的长期意图，历史学家之间存在分歧。问题在于日本，坚持以所罗门群岛作为堡垒，抵抗未来美国的任何反击，并且可能随后试图占领南太平洋的其他群岛，以使澳大利亚孤立，但是在当时还没有入侵澳大利亚的计划。事实上，日本人的军事计划结构复杂，区域职责划分不明确，被陆军和海军之间不断激烈争吵所拖累。关于日本人在南太平洋的长期计划，目前只有一个可信的推论：无论战略如何，制定海军未来的前景，对于陆军计划方案是一种挑战。

三支以入侵所罗门群岛及摩斯比港为主的日本舰队由两艘新建大型航母，即“翔鹤”及“瑞鹤”号（两者皆曾参加过珍珠港之役）、一艘小型航母“祥凤”、两艘重巡及支援舰船组成，而盟军由拦截的无线电得知日军的陆基战机已经南移且即将发生一场战斗。与此同时，美军的“约克镇”号（CV—5）已在杰克·弗莱彻少将的指挥下进入珊瑚海，“列克星顿”号（CV—2）还在半途，另有一支盟军的联合水面舰队也前来迎战。而“大黄蜂”号及“企业”号因刚执行杜立德对东京的轰炸任务，虽然南下驰援，但因到得太晚而无法参与战斗。

大战开始“列克星顿”号于5月1日加入“约克城”号的战斗序列。日军则在毫无意外的情况下于5月3日占领了图拉吉，并且开始动工兴建水上飞机基地。在填补燃料后，“约克城”号于5月4日接近图拉吉，对日军船舰及战机进行了三波

美国“列克星顿”号航空母舰被击中后下沉

成功的攻击，此举也让日军得知美军航母出现。美军舰载机在向南退到集结点与“列克星顿”号及新加入的巡洋舰会合前，至少击沉了一艘驱逐舰（“菊月”号），并摧毁了水上飞机基地，重创了多艘船舰。同时，日军两艘大型航母已由所罗门群岛南方逐步逼近，恰好将盟军舰队包围在两支日军舰队中。

珊瑚海海战

5月6日，陆基轰炸机B—17以奇低无比的成功率攻击了逐渐接近摩斯比港的入侵舰队。虽然双边的侦察机扩大搜索范围，但是多云的天气让两边都找不到对方，两支舰队花了一整晚搜索对方，但两舰相距只有70海里。

当晚，弗莱彻思考着他的首要任务是保卫摩斯比港，所以他下了一个困难的决定：将盟军主要的水面舰队一分为二。以澳洲海军少将约翰·库瑞斯为首的一支要阻挡可能出现的入侵舰队。库瑞斯的舰队由巡洋舰“澳大利亚”号、“芝加哥”号及“霍巴特”号为主，另有驱逐舰“柏金斯”号、“威基”号及“费拉卡特”号。弗莱彻及库瑞斯知道，在没有空中掩护的情况下暴露水面舰艇给陆基战机攻击，只会重演5个月前“威尔士王子”号及“却敌”号的悲剧。然而他们所害怕的事情就出现在5月7日下午，一个中队的日军鱼雷轰炸机锁定巡洋舰之后以及接下来密集的空中攻击成真。不知是走好运还是技术高超，盟军的舰队居然在只有少数的伤亡及损伤下躲过日军密集的空中攻击。然而在躲过日军攻击后几分钟的时间，库瑞斯的舰队居然遭到友军B—17的高空水平轰炸，“柏金斯”号及“费拉卡特”号再次躲过了友军的炸弹。

5月7日，双方所有可以作战的舰载机都起飞，但都没有发现对方，只是攻击了彼此附属的船舰：日军舰载机发现了美军舰队的油料补给船USS Neosho（AO—23）及护航驱逐舰USS Sims（DD—409），误以为是一艘航母及一艘巡洋舰，攻击之后，Sims被击沉，Neosho失去作战能力；同时间，美军舰载机错过了“翔鹤”及“瑞鹤”两艘航空母舰，但找到了由轻型航母“祥凤”号所护航的入侵舰队，在美军舰载机的攻击下，“祥凤”很快就沉没了。在过去的5个月，盟军损失了一打的军舰，但一直无法击沉一个主要的日军目标，

1942 年 5 月 8 日，“列克星顿”号航空母舰的官兵在弃船之前集中在甲板上。

5 月 8 日，在黎明的曙光中，双方的航母舰队终于找到了彼此，而且双方都尽其所能突袭对方，双方的舰载机在空中擦身而过。“瑞鹤”因为有雨的掩护而躲过了侦测，但是“翔鹤”则被炸弹击中三次，船身倾斜并且着火，无法进行舰载机起降，实际上退出了战斗。

此时美国战舰“列克星顿”号已被击中燃烧，另外两艘美军的航母也被日军的攻击击中。“约克城”号被炸弹击中的同时，较大且较低机动力的“列克星顿”号则被炸弹及鱼雷击中，随后漏出的航空用油很可能在一个小时后爆炸并造成人员伤亡，所以必须弃船。“列克星顿”号被美军以鱼雷击沉，以避免被日军俘获。

库瑞斯的舰队持续阻挡在日军入侵舰队与摩斯比港之间，井上则是被返航的舰载机报告所指出的盟军巡洋舰及驱逐舰战力误导，而下令入侵舰队返航。翔鹤被严重击伤，且瑞鹤短缺舰载机，从而两者都无法在一个月之后加入对太平洋战争有决定性影响的中途岛之战的日军作战序列。损伤的“约克城”号则回到珍珠港进行整补及维修。

## 战后对比

在战术上，日军取得小小的胜利：一艘小型航母被击沉以及一艘大型航母被击伤，换来的是击沉对方一艘大型航母且击伤一艘同样是大型的航母。但是以盟军的观点，在连续 5 个月的挫败之后，此战役的结果算是十分接近胜利。

对摩斯比港的海面入侵已经避开，摩斯比港对盟军的战略来说是十分重要的，而且无法由地面部队防卫之后仍驻守该处。由于在新几内亚缺乏优势，盟军接下来的进展仍然十分艰难。由于珊瑚海战役的结果，日军被迫必须尝试由陆路夺取摩斯比港，因此所产生的延误也足够让富有经验的皇家澳大利亚部队

抵达，并在科科达小径战役及米尔恩湾战役中作战，这也解除了美军在瓜达卡纳尔之战中的压力。

美国海军在珊瑚海战役中学到了几件重要的事：由“列克星顿”号的损失，美军学到以更好的方式来保护航空用油，以及如何控管防卫舰载机；由对日军航舰的攻击中，美军习得俯冲轰炸机及鱼雷轰炸机如何协同作战以达到最佳效果。

“列克星顿”号的损失对于美军在太平洋上的情势是一个警告的号角，但在当时，美军可以最高优先来更换舰船、战机及受过训练的人员到另一艘船舰、战机上。“约克城”号的损伤估计需要在港维修好几个月，但奇迹的是，它在珍珠港3天基本恢复了战斗能力，而且在接下来的太平洋战争中最关键的一役—中途岛海战中扮演重要的角色。

虽然“瑞鹤”号损伤轻微，尚有40架舰载机，但它仍无法战斗，而且必须回到日本进行整补，而“翔鹤”号则需要6个月的时间进行维修，两艘大型航母都无法参加中途岛海战。

珊瑚海海战的海底遗址

从长远来看，日军航母上受过高度训练的飞行员的损失是无法再补充的了。在珊瑚海战役及中途岛海战之前，日本海军的飞行员及战机在太平洋及印度洋所向披靡。长期的作战，使日军培育出一群精英级的飞行员。日本可以生产许多替换的战机及少数替换的航母，但是再也无法替换拥有全世界最佳技巧的海军飞行员，以此观点来看，日本海军飞行员的素质开始下降。

## 中途岛海战让日海军没落

中途岛海战于1942年6月4日展开，是太平洋战争中的一场重要战役。美国海军不仅在此战役中成功地击退了日本海军

中途岛海战中日本突击舰队的“雾岛”号战列舰

对中途环礁的攻击，还因此得到了太平洋战争的主动权，所以这场仗可说是太平洋战争的转折点。

日本在珊瑚海海战之后仅仅一个月就把中途岛拟定为下一个攻击目标。这不只是报美国空军空袭东京的一箭之仇，还在于打开夏威夷群岛的大门，防止美军从夏威夷方面出动并攻击日本。日本海军想借此机会将美国太平洋舰队残余的军舰引到中途岛一举歼灭。

若日本海军达到所定下的目标，那么美国西海岸就会直接受到日本海军的威胁。由于美国其余的军舰已部署到北大西洋，美国在短期内没有能力有效地在太平洋对日本海军进行反击。日本深知美国的军事潜力。美国巨大的工业生产能力一旦完全纳入战争轨道，日本就几乎没有获胜的希望。所以日本希望在这种情形出现之前逼迫美国坐到谈判桌前，迅速结束与美国的战争。

一些军事学者也认为，如果日本海军威胁或者真的攻击美国西海岸的话，便会迫使美国把急需送往欧洲前线的军事配备转移到美国西岸，这不但会造成欧洲战区出现军需短缺的现象，甚至可能使欧洲战区再次失守，而让纳粹德国得到最后的胜利。

交锋之前为了扩充已经占据的东南亚领地，日本把注意力放在了攻占萨摩亚群岛、斐济以及澳大利亚上。然而，中途岛是当时最靠近日本本岛的美国军事基地，又位处夏威夷和日本本土距离的一半左右，是美太平洋舰队西进的重要补给基地。如果中途岛告急，那么美国太平洋舰队必全力来援。因此中途岛其实就是一个消灭美国太平洋舰队的完美地点。

日本联合舰队司令海军大将山本五十六的作战计划秉承了日本帝国海军所注重的战略教义：大胆、富有创意。这次行动的目的就是要把美国太平洋舰队引进一个绝地，给它们致命一

日本海军爱知九九式舰载俯冲轰炸机

击。参加攻击中途岛的日本舰队分为两个主要部分，即南云忠一率领的由 4 艘航空母舰加上护卫编队组成的第一机动部队，以及山本五十六率领的由 10 艘战列舰组成的主力舰队。山本的主力舰队尾随第一机动部队，任务便是拦截及消灭来援的美国舰队，完成孤立中途岛和摧毁美国太平洋海军力量的使命。虽然美国的空袭东京行动并没有造成巨大的伤害，但足以证明日本的军事力量阻止不了盟军对日本本岛的空袭。这对日本的士气造成了严重的伤害。由于日本军部急于对美国空军的空袭东京行动作出反应，导致攻击中途岛的计划并没有经过详细策划，而使该计划产生了不必要的复杂性。

南云忠一中将指挥第一机动部队的航空母舰在中途岛西北，空袭中途岛以及迎击美国海军舰队；山本的战列舰主力部队在后面 300 海里处，支援南云的舰队歼灭美军舰队；支援攻占中途岛的部队从西南接近中途岛。

为了迷惑美国海军，日本联合舰队向阿留申群岛派出了由两艘轻型航母组成的牵制舰队，登陆阿图岛和基斯卡岛，攻击荷兰港，执行佯攻任务。

美国情报美国海军情报局在与英国紧密的合作下，成功地解读了日本海军主要通讯系统 JN—25 的部分密码。到了 5 月上旬，联军在破解 JN—25 上取得了重大突破，也因此得到了窥探日本海军计划的能力。JN—25 让联军得悉“AF 方位”将会是日本海军的下一个攻击目标，然而联军就偏偏破解不到“AF 方位”的位置。一些美军的高层将领认为“AF 方位”便是中途岛，另外一些则认为是阿留申群岛。然而任凭联军解码科技多么先进，也仍然无法破解“AF 方位”的正确位置。正当美军高层在伤脑筋的同时，一名年轻军官却想到了一个能确认“AF 方位”是不是中途岛的妙计。他要求中途岛海军基地的司令官以无线电向珍珠港求救，说中途岛上的淡水供应站出现了问题，导致整个中途岛面临缺水的危机。不久后，美国海军情报局便截获一则 JN—25 信息，内容果然提到了“AF 方位”出现缺水问题。结果“AF 方位”便证实为中途岛，也就是日本海军的下一个攻击目标。

由于要从 JN—25 得到情报非常费时，美国太平洋舰队司令海军上将切斯特·威廉·尼米兹到了最后一刻才掌握了能够用来伏击日本舰队的可靠情报。他立即召回了在太平洋西南方的航空母舰“企业”号、“大黄蜂”号以及因为参与珊瑚海海战而正在珍珠港进行重大维修的“约克城”号。任命雷蒙德·斯普鲁恩斯少将

停泊在军港内的美国“企业”号航母

代替患病的哈尔西中将指挥第 16 特混编队。尼米兹就准备以 3 艘航空母舰为主力，再加上约 50 艘支援舰艇，埋伏在中途岛东北方向，攻击前往中途岛的日本舰队。

在珊瑚海海战受重伤的“约克城”号返回珍珠港时，看上去需要进行几个月的重大维修工程。但经过 72 小时不眠不休的抢修，它的飞行甲板已重新铺平，内部也装上了新的钢条支撑架，它便从珍珠港的空防初队中选出可进行伏击任务的舰载机种，组成新的舰载机队。尼米兹上将不惜一切地违反了许多海军条例，就为了达成让“约克城”号随行的目标。在“约克城”号入港仅仅三天后，它奇迹般地随着美军舰队（第 17 特混编队）奔向中途岛，展开它的最后一次作战任务。与此同时，日本航母“瑞鹤”号在位于特鲁克的基地等待一批新的舰载机；稍微受损的“翔鹤”号则在基地进行维修。

## 海战经过

6 月 4 日凌晨，日本第一攻击波开始从 4 艘航空母舰上同时起飞，144 架舰载机出发攻击中途岛。南云忠一命令侦察机搜索东、南方海域，第二攻击波提到飞行甲板上，准备迎击美国舰队。但是重巡洋舰“利根”号的 2 架侦察机因为弹射器故障，起飞时间耽误了半个小时，“筑摩”号的 1 架侦察机引擎又发生故障中途返航（这架飞机本应该正好搜索到美国特混舰队上空），这给日本舰队埋下祸根。

6 月 4 日拂晓，中途岛派出的“卡塔林娜”式侦察机发回发现日军航空母舰的报告，斯普鲁恩斯少将立即作出反应，准备攻击日军航母（其实法兰克 · 弗莱彻海军少将是这次行动的总指挥，但是斯普鲁恩斯首先发动空袭）。美国舰队因为已经破解了日本海军“JN—25”的通讯密码，而对日军的计划了如

美国“大黄蜂”号航母上搭载着陆军 B—25 轰炸机

指掌。

6 月 4 日清晨，日本舰载机向中途岛发动了猛烈的攻击。驻扎在中途岛的美军战斗机也全部升空，迎击来犯的日本战机。美军的轰炸机，包括 B—17 轰炸机也向日本舰队发起反击。

7 时整，友永丈市大尉率第一攻击波机群准备开始返航，并向南云忠一发出了需要进行第二次攻击的电报。

7 时 06 分，由战斗机、鱼雷机、俯冲轰炸机所组成的 117 架战机，从斯普鲁恩斯少将所率领的第 16 特混编队“大黄蜂”号及“企业”号升空，奔向 200 海里外的南云舰队。8 时 40 分，15 海里以外的弗莱彻少将率领的第 17 特混编队“约克城”号起飞了 35 架战机。

7 时 10 分，首批从中途岛起飞的 10 架美军鱼雷轰炸机出现在南云忠一舰队的上空。美军飞机排成单行，扑向日航空母舰。在日军战斗机的截杀和日舰猛烈的炮火下，很快就被击落了 7 架。友永的报告和美机的攻击，使南云忠一相信中途岛的防御力量还很强，于是决定把原来准备用于对付美舰的飞机改为对中途岛进行第二次轰炸。此时，日军仍然没有发现美军舰队。

7时15分，南云忠一下令“赤城”号和“加贺”号将在甲板上已经装好鱼雷的飞机送下机库，卸下鱼雷换装对地攻击的高爆炸弹。

7时30分，南云忠一接到“利根”号推迟半小时起飞的一架侦察机发来的电报，距中途岛约240海里的海面发现10艘美国军舰。南云忠一命该侦察机继续查明敌人舰队是否拥有航空母舰，同时命令暂停对鱼雷机的换弹。就在南云忠一等待侦察机的侦察结果时，空中再次响起了警报。40余架从中途岛起飞的美军B—17轰炸机和俯冲轰炸机扑向南云忠一的舰队。由于美军的轰炸机没有战斗机护航，结果很快就被南云忠一派出的零式战斗机击退。

8时15分，南云忠一终于接到了侦察机传来的报告：美军舰队里确实有航母的存在。南云忠一下令各舰停止装炸弹，飞机再次送回机库重新改装鱼雷，日本航空母舰的甲板上一片混乱，为了争取时间，卸下的炸弹都堆放在甲板上。

8时30分，空袭中途岛的第一攻击波机群返回飞抵日本舰队的上空，还有那些保护航空母舰的战斗机也需要降落加油。南云忠一处于进退维谷的境地。第二航空母舰战队司令山口海军少将向南云忠一建议“立即命令攻击部队起飞”。第二批突击飞机换装鱼雷还没有完成，如果马上发动进攻，也没有战斗机护航。而且舰上的跑道被起飞的飞机占用，那么油箱空空的第一攻击波机群会掉进海里。南云忠一决定把攻击时间推迟，首先收回空袭中途岛和拦截美军轰炸机的飞机，然后重新组织部队以进攻美军特混舰队。

8时37分，返航的飞机开始相继降落在4艘航空母舰飞行甲板上。

9 时 18 分，全部飞机的作业完毕。南云忠一命令舰队以 30 节的航速向北航行，以避开来攻击的美机，准备全力进攻美军特混舰队。

9 时 20 分，掩护日本舰队的战斗机开始起飞。

9 时 25 分，一队由“大黄蜂”号起飞的 15 架“毁灭者”式鱼雷轰炸机组成的编队发现了南云忠一舰队。不幸的是，他们的燃油即将耗尽，而且没有战斗机护航。在自杀式攻击中，被零式战斗机和高射炮火全部击落，30 名飞行员除 1 人生还外全部遇难。

9 时 30 分，从“企业”号、“约克城”号起飞的 28 架美军战机陆续尾随而来，向“苍龙”号和“飞龙”号展开攻击。然而在攻击南云忠一舰队的时候遭到重创，损失了 20 架鱼雷轰炸机，美机所投鱼雷竟无一命中。

舰载机从“企业”号航母升空

10 时 20 分，由 102 架飞机组成的日军舰载机攻击队此时也已排列就序。正当日军战斗机在低空忙着驱赶美军鱼雷机时，南云忠一舰队的上空出现了 33 架由克拉伦斯·麦克拉斯基少校率领从“企业”号起飞的“无畏”式俯冲轰炸机。此时，日舰正在掉头转到迎风的方向，处于极易受攻击的境地，甲板上到处是鱼雷、炸弹及刚加好油的飞机。这正是美军求之不得的有利时机。

10时24分，第一架日本战斗机飞离飞行甲板时，“企业”号的33架“无畏”式俯冲轰炸机，分成2个中队分别攻击“赤城”号和“加贺”号航空母舰，接踵而来的是17架从“约克城”号航空母舰上起飞的“无畏”式俯冲轰炸机，专门攻击“苍龙”号航空母舰。日军的3艘航空母舰刹那间变成了三团火球，堆放在甲板上的等待起飞的飞机以及燃料和弹药引起大爆炸，火光直冲云霄，短短5分钟，日本三艘航空母舰被彻底炸毁。

10时40分，接替指挥空中作战的山口多闻发动反击，18架“九九”式俯冲轰炸机和6架“零”式战斗机组成的攻击编队从“飞龙”号起飞。日机成功地找到了“约克城”号，并立即发动攻击，3颗炸弹命中“约克城”号。它虽然遭到破坏，但是在美军船员的极力抢修下，恢复了航行功能。

11点30分，南云忠一及其幕僚转移到了“长良”号巡洋舰，开始集合残余的舰队。

13时40分，10架日军“九七”式鱼雷攻击机和6架“零”式战斗机又从“飞龙”号飞来，对“约克城”号发起了第二次攻击。“约克城”号这次就没那么幸运了，被两枚鱼雷击中，左舷附近掀开两个大洞，并把舰舵给轧住了。弗莱彻少将被迫转移到巡洋舰，将指挥权移交给斯普鲁恩斯少将。

14时45分，美军侦察机发现日军“飞龙”号航空母舰，斯普鲁恩斯立即命令“企业”号、“大黄蜂”号航空母舰的30架“无畏”式俯冲轰炸机起飞，去攻击“飞龙”号。

15时00分，美军“约克城”号的舰长巴克马斯特被迫下令弃舰。然而，它却并没有沉没，于是美军又回到该舰上，试图由拖船拖向珍珠港。

16时45分，美军“企业”号航空母舰的俯冲轰炸机成功地攻击了日军剩下的“飞龙”号。“飞龙”号中了4弹，船上一片火海。

6月4日晚19时，已经被摧毁的日军“苍龙”号、“加贺”号航空母舰先后沉没。

6月5日2时55分，日本联合舰队司令山本五十六大将下令：“取消中途岛的占领行动。”6月5日夜间，日军两艘重巡洋舰“最上”号和“三隈”号在浓雾中转向时互撞，“最上”号受重创，“三隈”号留下陪伴左右。

3时50分，被摧毁的“赤城”号航空母舰被日军驱逐舰发射的鱼雷击沉。

5时10分，无法挽救的“飞龙”号航空母舰被日军驱逐舰发射的鱼雷击沉，舰长山口多闻选择与舰共沉。

6月5日天明，美军飞机一波又一波地轰炸负伤的日军巡洋舰“三隈”号、“最上”号。“三隈”号葬身海底，而受重伤的“最上”号反而逃过大难，挣扎着回到特鲁克的基地。攻击结束以后，美军特混舰队随即撤离战场。

13时00分，日军1—168号潜艇发现了“约克城”号，随即发射4枚鱼雷，2枚命中“约克城”号，1枚命中护航的“哈曼”号驱逐舰，两舰相继沉没。中途岛之战终于宣告结束。

战后对比美国著名海军历史学家塞缪尔·E·莫里森把美国海军在中途岛海战中的胜利称为“情报的胜利”。美国海军提前发觉日本海军的计划，是日本海军失利的唯一最主要的原因。但许多军事专家认为：日本海军坚持以战列舰作为海战决战的决定性力量，把航空母舰当作辅助性力量使用，忽略航空兵力的作用导致了最终失败。

日本海军计划最明显的失误是分散部署兵力，联合舰队各部队在相隔很远的距离上单独作战，而美国海军最大限度地集中部署兵力，联合舰队的优势被削弱了。日军计划的另一个失误是，进攻中途岛本来是诱使敌舰队决战，可却给航空母舰套上支援占领中途岛的任务，并一厢情愿地认为在中途岛受到攻击以前，敌舰队不会离开其基地。日军侦察搜索计划同样不利。最后导致南云忠一遇到进退维谷的难题和来回换装鱼雷、炸弹的尴尬局面。

日本海军损失了4艘航空母舰，此后再也没有能力在太平洋战场发动大规模进攻，把战争的主动权拱手交到了美国手里。在偷袭珍珠港仅仅6个月后，日本海军就在中途岛遭受前所未有的失败。山本五十六曾对首相近卫文麿说：“凭日本的工业，根本不能与美国为敌，同其抗衡。如果（日美）非打不可，在开始的当年或一年中可以奋战一番，并有信心争取打胜。但战争如果持续下去，以至拖到二年三年，那就毫无把握了。”他的预言果然应验了。

## 航母大会战

进入1943年下半年，美军经过一年半的艰苦奋战，终于扭转了战争初期的被动不利局面，从战略防御转入了战略进攻。浩瀚的太平洋，纵横万里，对日本的进攻路线主要有三条，一是北太平洋，二是中太平洋，三是西南太平洋，哪里作为主攻方向是美军发动战略进攻最重要的问题。北太平洋天气严寒，风大浪急，不利于实施大部队作战，而且对打击日本的战争生命线——与东南亚的海上交通，起不了多大作用，无法迅速解决战争。因此美军自1943年5月收复阿留申群岛后，就未在这个方向采取进一步攻势。中太平洋与西南太平洋作为主攻方向的争论，在美军上层产生了尖锐的分歧，以麦克阿瑟陆军上将为代表的一方，主张在占领或封锁拉包尔之后沿新几内亚—菲律宾轴线的西南太平洋发动进攻，他们认为这条进攻路线可以充分利用美军在西南太平洋和南太平洋业已建立的一系列海空基地，始终能够得到岸基航空兵的有力支援，对于进攻目标有着较大的选择余地，能够绕过日军重兵守备的地区，攻击日军防御薄弱之处。

马里亚纳群岛是个南北走向、绵延长达425海里的火山群岛，由大小近百个岛屿组成，较大的火山岛有16个，自北向南主要有第二大岛塞班岛、第三大岛提尼安岛、罗塔岛和最大岛屿关岛。著名的葡萄牙航海家麦哲伦于1521年发现该群岛，以当地土著人使用的船只命名为“三角帆之岛”。1565年起其成

马里亚纳海战时的航空母舰

为西班牙的属地，为纪念西班牙国王菲利普四世的马里亚纳王后，其被命名为马里亚纳群岛。1898 年美西战争中，美国占领了关岛，此时的西班牙国力已经衰弱，便决定以 400 万美元的价格出售马里亚纳群岛的其余岛屿、加罗林群岛和马绍尔群岛，美国认为这些岛屿值不了 400 万美元，没有买，结果被德国买去。第一次世界大战中，日本以“委任统治地”的借口将这些岛屿尽数据为己有，并于太平洋战争爆发后的第三天，即 1941 年 12 月 10 日占领关岛。

马里亚纳群岛战略地位极其重要，位于琉球、台湾和菲律宾以东，硫磺列岛以南，加罗林群岛以北，正扼中太平洋航道的咽喉，亚洲与美洲的海上交通要冲，是美军进攻日本本土和远东的必经之路。如果马里亚纳群岛被美军占领，日本本土与东南亚的海上生命线就将被切断，台湾和菲律宾也将处在美军直接打击范围内，更严重的是从马里亚纳起飞的美军 B—29 轰炸机可以将日本本土纳入其轰炸半径，正因为马里亚纳群岛如此至关重要，它被日军誉为“太平洋的防波堤”，而美军所实施的马里亚纳登陆战役也就被称做“破堤之战”！日本海军联合舰队在 1944 年 1 月开始的马绍尔群岛战役中，不但没能出海迎战，反而退至帛琉群岛，直接导致马绍尔群岛于 4 月失守，这引起了日本内阁和陆军对海军的强烈不信任，甚至有些人提出放弃马里亚纳群岛。但日本大本营非常清楚马里亚纳的重要性，决定沿千岛群岛、小笠原群岛、马里亚纳群岛、加罗林群岛和新几内亚群岛西部建立必须绝对予以确保的防线——“绝对国防圈”，马里亚纳则是该防线的核心。因此，日军自 1944 年 2 月起，开始着手加强该地区的防御。由于以前马里亚纳群岛是海军负责防御，岛上的陆军部队很有限，大本营计划将中国战场上的第 3 和第 13 师团调往中太平洋，以加强该地区的地面部队，但这两个师团在中国战场一时无法脱身，大本营只好于 2 月 10 日将驻中国东北的关东军第 29 师团调到马里亚纳，陆军部还将新组建的 8 个支队也调到该地区。2 月 25 日，日军大本营将中太平洋地区所有陆军部队整编为第 31 军，由小烟英良中将任军长，规定该军服从于联合舰队司令的调遣。从 3 月起，日军进一步动员大批船只向该地区调集部队，至 5 月下旬，31 军已拥有 5 个师团又 8 个旅团，分别防守马里亚纳、特鲁克、小笠原和帛琉等岛屿。其中部署在马里亚纳群岛的是两个师团又两个旅团，约 6 万余人。防御工事计划要到 11 月方能完成，此时才完成工程量的一半，火炮掩体几乎没有，地雷和铁丝网也没铺设，总体防御根本谈不上坚固。

日本海军则于 3 月 4 日将原在马里亚纳群岛的第 4 舰队和新组建的第 14 航空舰队合并为中太平洋舰队，由中途岛海战的败将南云忠一海军中将任司令，第 4 舰队主要由鱼雷艇、猎潜艇、扫雷艇和巡逻艇等轻型舰艇组成，第 14 航空舰队编制上虽有 8 个岸基航空队、478 架飞机，但陆续被调往其他地区，剩下的飞机寥寥无几，因此这支舰队实力非常薄弱，只能充当牵制美军登陆部队的偏师，为主力舰队集结赢得时间。日本海军计划用于马里亚纳群岛决战的主力舰队是1944年2月由第二、第三舰队合并组成的第一机动舰队，几乎包括了联合舰队所有主要水面舰艇，共有航母9艘，战列舰5艘，巡洋舰14艘，驱逐舰31艘，舰载机439架，由小泽治三郎海军中将任司令。日军大本营深知这支舰队与美军太平洋舰队的航母编队实力上存在较大差距，决定让以第一航空舰队改编的第5岸基航空队与之配合作战，以求充分发挥舰载航空兵与岸基航空兵的协同威力。需要说明的是这支第一航空舰队并不是那支战争初期偷袭珍珠港、纵横太平洋的航母舰队第一航空舰队，而是1943年7月刚刚成立的岸基航空兵部队，由角田觉治海军中将指挥。它在成立伊始就受到日军大本营的特别重视，从其他部队抽调一些有战斗经验的老飞行员作为骨干，并尽可能为其配备最新式的装备，一直作为大本营的直属部队在国内训练。原计划训练一年，但1944年2月马绍尔群岛失守后，不得不调到中太平洋地区，其中技术熟练的调到马里亚纳，技术尚不熟练的则调到菲律宾一边训练一边备战。原第5岸基航空队共有飞机1092架，后又将其他一些具有战斗经验的航空兵部队调入，使其飞机增至1600架，但因战斗不断，至1944年5月，仅余530架。

日军的决战计划原是联合舰队司令古贺峰一海军大将主持制订的，企图在第一航空舰队和第一机动舰队实力有所恢复后，寻找战机与美军决战，争取扭转战局，代号为“阿号作战”。古贺于3月31日在前往菲律宾途中遭遇暴风，机毁人亡。丰田副武海军大将接任联合舰队司令的次日，即5月3日，就接到了大本营发起“阿号作战”的指令，随即向所属各部下达了作战指令。但日军大本营错误地判断加罗林群岛是美军即将开始的进攻地点，因此马里亚纳群岛的防御准备被严重忽视了。

根据“阿号作战”计划，第5岸基航空队和第一机动舰队的舰载航空兵将对来犯之敌实施两面夹击，以抵消美军航母编队在舰载机数量上的优势。第5岸基航空队分为三部分，分别部署在帛琉、马里亚纳和雅浦三地，每一处的航空队都拥有战斗机、轰炸机、攻击机和侦察机，一旦判明美军的攻击方向，该地的航空队立即转移，以避其锋芒，然后再集中全力组织攻击。

起初计划中规定如美军进攻马里亚纳，将不动用小泽的第一机动舰队，而只出动岸基航空兵迎敌，后来由于分配给小泽的油船数量有所增加，才改为小泽的舰队也加入马里亚纳的作战。小泽的机动舰队最初大部停泊在林加锚地，小部停泊在濑户内海，都在抓紧进行战前训练，根据联合舰队下达的“阿号作战”指令，于5月11日和12日分别起航，5月14日和15日先后到达菲律宾南部的塔威塔威。之所以选择塔威塔威作为集结地，是因为该地距离计划中的决战海域较近，便于及时出击，而且靠近婆罗洲的油田。婆罗洲出产的石油质量很高，不经过冶炼就可直接供军舰使用，这样就不必依靠屡遭美军潜艇破袭的交通线来补充燃料。到达塔威塔威后，刚完成基本飞行科目的舰载航空兵原准备再进行海上合练，却因为美军潜艇在该海域活动非常频繁，几乎无法出海训练，而塔威塔威岛上又没有合适的飞行训练基地。第一机动舰队那些飞行技术本来就不高的飞行员只好中断训练近一个月，战斗力可想而知，而他们的对手美军飞行员平均飞行时间在500小时以上，大都具有战斗经验，另外还配有换班机组人员，以供轮番出战。双方相差可谓悬殊。

早在1943年11月，英美参谋长联合委员会就向美军太平洋舰队和中太平洋战区下达进攻马里亚纳的指令，为B—29轰炸机取得出发基地，并为进攻日本本土扫清障碍。

根据这一指令，中太平洋战区司令尼米兹于1944年1月13日制订出最初的进攻方案，计划分三阶段，先攻占塞班和提尼安，再夺取关岛，最后肃清其余岛屿上的日军。

3月12日，美国参谋长联席会议下达马里亚纳作战命令。

3月21日，尼米兹将参战的将领召到珍珠港，讨论有关作战方案。

3月28日，尼米兹下达兵力编成和任务区分的命令，登陆部队及其护航输送船队称为联合远征军，由雷蒙德·特纳海军中将任司令，下辖三部分：第52特混编队，也称为北部登陆编队，由特纳兼任司令，运送由霍兰·史密斯中将任军长的海军陆战队第5军，以海军陆战队第2师和第4师为基本登陆兵力，从夏威夷和美国西海岸出发，负责夺取塞班和提尼安。

第53特混编队，也称为南部登陆编队，里查德·康诺利海军少将为司令，运送罗伊·盖格少将任军长的海军陆战队第三军，以海军陆战队第三师和陆战暂编第一旅为基本登陆兵力，从瓜达尔卡纳尔岛出发，负责攻占关岛。

第51特混编队第一大队，也称留船预备队，布兰迪海军少将为司令，运送R. 史密斯陆军少将为师长的陆军第27加强师，在登陆场附近海域待命，随时准备加入战斗。

上述地面部队共计12．7万人，担负运送和护航任务的舰船有535艘。此外，陆军第77师为战役总预备队，在夏威夷待命，准备于7月投入战斗。

为这支登陆编队提供海空掩护的有两支部队，一支是米切尔中将指挥的第58特混编队，下辖4个特混大队，共有航母15艘、战列舰7艘、重巡洋舰8艘、轻巡洋舰13艘、驱逐舰67艘、舰载机约900架。另一支是胡佛海军中将指挥的岸基航空兵620架各型飞机。

马里亚纳海战二战旧日本海军联合舰队舰船

第5舰队司令斯普鲁恩斯海军上将担任海上总指挥，尼米兹则坐镇珍珠港进行全局指挥，并组织潜艇和后勤部队协同行动。

此役美军共投入包括航母15艘、护航航母14艘、战列舰7艘、巡洋舰25艘、驱逐舰180艘、潜艇35艘在内的600余艘舰艇，飞机2000架，地面部队4个师又1个旅，15万人。战役密语代号“征粮者”，登陆日定于6月15日。

由于马里亚纳群岛的几大岛面积都比较大，日军防御兵力都有数万之众，美军必须投入优势兵力，实施宽正面登陆，以求迅速推进，这就对后勤运输提出了很高的要求。马里亚纳距离美军在中太平洋上最西面的基地埃尼威托克有1000海里，距离珍珠港3500海里，距离美国本土5000海里，后勤补给线非常漫长，运输船一年中只能往返两次，也就无法进行往返运输。而与此同时，欧洲的盟军也在组织诺曼底登陆，短期内不可能向太平洋战区调集更多船只，因此，参战部队必须全部集结在马里亚纳海域，但缺乏足够的登陆艇和两栖履带车，无法同时组织部队在几个岛上实施登陆，只得先夺取塞班，再攻提尼安和关岛，这样在美军攻打塞班时，提安尼和关岛的日军极可能乘机加强防御，所以，迅速攻占塞班是此战的关键。

如此规模的登陆战役，美军从制订作战计划到完成战役准备只有短短三个月，不能不说是战争史上的奇迹。

美军对于马里亚纳群岛的情况除关岛外，知之甚少，而对日军的设防情况，更是一无所知。太平洋战争爆发后，美军飞机从未到过该群岛，直到 1944 年 2 月攻占埃尼威托克时，才出动航母编队袭击马里亚纳诸岛，攻击机群中美军特意派出了数架装备最先进照相侦察器材的飞机，对马里亚纳群岛进行了系统的照相侦察，这才掌握了日军在这些岛屿的防御部署和机场情况，还将适合登陆的海滩完整地拍摄下来，为登陆作战提供了翔实而可靠的依据。

美军在制订作战计划的同时，各参战部队抓紧时间进行针对性的战术训练和备战备航，岸基航空兵则不断袭击马里亚纳群岛和加罗林群岛。

3 月底，美军航母编队从马朱罗环礁出发，攻击了从特鲁克后撤至帛琉群岛的日军联合舰队，迫使联合舰队再次后撤到新加坡的林加锚地。同时，美军潜艇部队积极出击，严重破坏了日军的海上运输线，使得日军在马里亚纳的守备部队逐渐陷入孤立无援的境地，为即将发起的登陆作战创造了有利条件。

1944 年 6 月初，美军参战各部在马朱罗环礁集结完毕，并做好了一切作战准备。

6 月 3 日起，美军的飞机和舰艇对马里亚纳群岛和邻近岛屿开始进行预先炮火准备。

6 月 6 日，米切尔率领第 58 特混编队从马朱罗环礁出发，向马里亚纳驶去，斯普鲁恩斯乘坐“印第安纳波利斯”号重巡洋舰随编队出海。由特纳指挥的登陆编队则在航母编队的后面跟进。在舰艇编队进行海上航渡时，由胡佛中将指挥的岸基航空兵和西南太平洋战区所属的航空兵，对加罗林群岛日军机场进行频繁空袭，给那里的日军航空力量予以沉重打击，使其无

美国“印第安纳波利斯”号巡洋舰

力支援马里亚纳群岛日军，保障了登陆部队航渡的安全。

6月11日，美军第58特混编队到达关岛以东200海里处，出动舰载机开始空袭马里亚纳群岛，击落、击毁日机147架，几乎将这些岛屿上的日军航空兵力全部消灭。同时，米切尔派威利斯·李海军中将率领7艘战列舰和11艘驱逐舰，对塞班岛和提尼安岛进行了直接舰炮火力准备，共发射1.1万发炮弹，但这些军舰没有接受过对岸精确射击训练，而且炮击距离达4000米，发射速度又太快，致使炮弹爆炸的硝烟遮掩住了目标，炮击效果很不理想。

6月13日拂晓，美军7艘战列舰、6艘重巡洋舰、5艘轻巡洋舰和26艘驱逐舰组成火力支援群，由奥登多夫海军少将指挥对塞班岛和提尼安岛进行了慢速精确射击，这才摧毁了日军许多防御工事。

美军潜艇部队对日军联合舰队主力所在地塔威塔威进行了严密的封锁和监视，3艘在塔威塔威锚地的入口，3艘在吕宋岛以北，3艘在棉兰老岛以南，1艘在圣贝纳迪诺海峡东口，1艘在苏里高海峡东口，此外还有一些潜艇在菲律宾海和菲律宾与马里亚纳群岛之间海域巡逻。10日、13日上述潜艇先后发现从塔威塔威出发的日军舰队，并及时向斯普鲁恩斯报告，斯普鲁恩斯根据潜艇的报告，计算出日军舰队在17日前不会进入马里亚纳海域，便命令第58特混编队按预定计划于14日分头行动。

6月14日，美军第58特混编队兵分两路，克拉克海军少将指挥第一、四特混大队，共7艘航母、8艘巡洋舰和28艘驱逐舰，北上空袭硫磺岛日军，以阻止日军从北面支援马里亚纳。米切尔亲自指挥第二、三特混大队，共8艘航母、8艘巡洋舰和25艘驱逐舰，进至马里亚纳群岛以西，以便随时截击来犯的日军舰队，保护登陆编队的安全。

同一天，在火力支援群的掩护下，美军水下爆破队对登陆地点进行水下侦察和探测，并将影响登陆的暗礁炸毁，标示出通行航道。

6月15日凌晨，美军北部登陆编队的30余艘运输舰、40余艘坦克登陆舰和27艘警戒舰只到达塞班岛西侧加腊潘附近海域，陆战二师和陆战四师开始换乘。5时许，舰炮火力支援群和护航航母支援群对登陆地点的日军防御工事进行最后的火力准备。8时30分，第一批登陆部队共8个营分乘600余辆两栖履带车和两栖坦克向正面宽度约6公里的登陆滩头冲击，8时44分，第一波美军上岸，9时许，第一批部队陆续上岸。

与此同时，日军联合舰队的主力第一机动舰队正在步步逼近。早在6月9日，日军侦察机发现停泊在马朱罗锚地的大批美舰忽然失踪，由此推测美军即将发动一场大规模的进攻，丰田副武便于次日命令各部做好战斗准备，但直到此时，日军还认为美军的主攻方向是在新几内亚群岛西北部和加罗林群岛西部，将帛琉群岛海域作为决战地域。6月11日，美军航母编队开始袭击马里亚纳群岛，日军仍认为这是美军牵制性的行动。

直到6月13日，美军登陆编队出现在塞班岛海域，并开始炮击塞班岛，这才清楚美军的意图，丰田于当天下午17时30分下令暂停在新几内亚群岛比阿岛的“浑号作战”，准备实施“阿号作战”，并命令第一机动舰队和第5岸基航空部队调去参加“浑号作战”的部队火速归还建制。

此时，第5岸基航空部队已在“浑号作战”中遭到不小的消耗，而且飞行员中很多得了“登革热”病，无法执行作战任务，日军只得从横须贺海军航空兵中抽调120架飞机组成八幡航空队，由松永贞市中将任司令，火速南下参战。

小泽率机动舰队除参加“浑号作战”以外的军舰13日从塔威塔威出发，前往吉马拉斯岛完成战前训练，就在航行途中接到丰田实施“阿号作战”的指令，只得一面率领舰队兼程北上，一面命令宇桓缠中将指挥参加“浑号作战”的舰只火速返回。14日黄昏小泽所部到达吉马拉斯岛，立即连夜进行补给，15日一早，就离开吉马拉斯岛穿过圣贝纳迪诺海峡。16日15时与宇桓率领的舰只在萨马岛以东海域会合，一齐东进。17日15时30分，机动舰队所有军舰进行了海上加油，并完成了最后的战斗准备。小泽命令补给船只西撤，自己率领9艘航母（共搭载舰载机439架）、5艘战列舰、14艘巡洋舰和31艘驱逐舰继续向东。不久就接到丰田发来的电报：“皇国兴废，在此一战，全体将士务须全力奋战！”小泽随即将这一电报通报全体官兵，并在旗舰“大凤”号航母主桅上升起了“Z”字旗。“Z”字旗是对马海战中日本海军的“军神”东乡平八郎在其旗舰“三笠”号战列舰上升起的战旗，从此以后就成为日本海军胜利的象征，小泽如此做无非是想借这面旗帜重振士气。

小泽将机动舰队分为三部：第三航空战队（本文以下简称丙队）为前卫，由粟田健男中将指挥，共有3艘轻型航母、4

艘战列舰、9 艘巡洋舰和 12 艘驱逐舰，舰载机 90 架；第一航空战队（本文以下简称甲队）由小泽亲自指挥，共有 3 艘大型航母、4 艘巡洋舰和 12 艘驱逐舰，舰载机 214 架；第二航空战队（本文以下简称乙队）由城岛高次少将率领，共 1 艘大型航母、2 艘轻型航母、1 艘战列舰、1 艘巡洋舰和 7 艘驱逐舰，舰载机 135 架。甲乙两队在丙队后方约 100 海里处跟进。各部均以航母为核心排成环形队形。小泽计划利用日机作战半径大于美机的优势，与美军舰队保持一定距离，先以马里亚纳群岛的岸基航空兵攻击美军，再以航母舰载机从超远距离起飞，攻击完美军后在马里亚纳群岛机场降落，这样就能使日军舰队始终处在美军攻击范围之外。表面上这是个不错的计划，但马里亚纳群岛上的绝大部分岸基航空兵已经被美军消灭，而岛上的日军为了保全面子，没有如实将情况通报给小泽，致使这一计划从一开始就建立在自欺欺人的基础上。

再说美军“小银鱼”号潜艇 13 日发现从塔威塔威出发的小泽舰队。15 日傍晚，“飞鱼”号潜艇发现刚驶出圣贝纳迪诺海

日本“大凤”号航母

峡的小泽舰队。15 日深夜，“海马”号潜艇则发现了在苏里高海峡东南航行的宇桓舰队。斯普鲁恩斯接到上述潜艇的报告，知道日军至少有两支舰队正向塞班岛驶来，考虑到日军常采取分兵合击迂回包抄的战术，为确保登陆编队的安全，斯普鲁恩斯决定推迟对关岛的进攻，计划在关岛登陆的部队暂向东规避。16 日斯普鲁恩斯与特纳商量了战局，确定以应付日军舰队的进攻为当务之急，并临时从登陆编队中抽调重巡洋舰 5 艘、轻巡洋舰 3 艘、驱逐舰 21 艘，加强航母编队的警戒力量。同时命令北上攻击硫磺岛的两个特混大队迅速返回，集中全力对付日军舰队。

14 日北上的第一、第四特混大队 15 日、16 日连续两天对硫磺岛及父岛、母岛进行了空袭，共击毁日机约 130 架，并严重破坏了这些岛屿的机场，美军只损失飞机 4 架，彻底消除了日军硫磺列岛地区的岸基航空兵协同小泽舰队夹击美军的企图。16 日下午 17 时，第一、第四大队收回了出击的飞机开始南返，并于 18 日中午在提尼安岛以西 150 海里与第二、第三大队会合。当 58 特混编队的 4 个大队会合后，斯普鲁恩斯判断日军可能以航母舰载机先在美军飞机攻击距离之外发动空袭，然后到塞班岛和关岛机场降落加油挂弹，再飞回航母，中途还能再次对美军舰队进行打击，这就是所谓的“穿梭轰炸”，最后再以战列舰和巡洋舰实施炮火攻击。因此他决定组建一支由战列舰和巡洋舰组成的编队，部署在航母编队以西海域，构成第一道屏障。如果日机前来攻击，首先就会遭到该编队的防空炮火拦截，这样就可以转移对航母编队的攻击，减轻航母编队的压力；如果日军战列舰杀来，也必须先和该编队交锋，可以有效掩护航母编队，保存空中打击力量。于是 17 日 14 时下达了作战计划，根据这一计划米切尔抽调快速战列舰 7 艘、重巡洋舰 4 艘和驱逐舰 14 艘，组成新的特混大队，由威利斯·李海军中将指挥，部署在最西侧海域。此时，58 特混编队就变成了 5 个大队，共有 15 艘航母、7 艘战列舰、24 艘巡洋舰和 74 艘驱逐舰，航母舰载机共 891 架，加上战列舰、巡洋舰所搭载的水上飞机共计 965 架。

18 日下午，美军 5 个大队均呈环形防空队形，每个大队之间相距 12～15 海里，所有航母都与风向成 90°，以便随时转向逆风起飞飞机或顺风接受飞机降落，至此美军已完成了临战准备。但直到黄昏，派出的多架侦察机也没发现日军舰队，斯普鲁恩斯为防备日军从侧翼迂回攻击登陆滩头，特地指示米切尔不要远离马里亚纳群岛，白天西进，入夜后则东返。天黑后第 58 特混编队最远到达距塞班岛西南 270 海里处，仍未发现日军舰队，便掉头东返。深夜，珍珠港的美军无线电测向站根据侦听到的日军无线电信号报告，日军舰队在特混编队西南 355 海里。米切尔觉得应改变预定计划，乘着天亮前的几小时西进，以便将日军舰队纳入舰载机的攻击范围，次日拂晓发起攻击，他马上将这一意图向斯普鲁恩斯请示。斯普鲁恩斯接到米切尔的请示，立即在旗舰的作战室召集参谋军官研究，尽管他也很想抓住这一战机，消灭日军的航母部队，但谨小慎微的他认为还是应该以保护登陆编队和登陆滩头为首要任务，而且日军舰队的具体确切位置，无线电测向与潜艇报告的还有出入，鉴于现在还无法确定，因此答复米切尔，在切实掌握日军舰队位置之前，暂不西进。这使得米切尔和特混大队的司令极为不满，他们认为将第 58 特混编队这样一支具有极强突击力的舰队仅作为登陆编队的守护者，实在是大材小用了。战后，斯普鲁恩斯也因为这样一个保守谨慎的决策而遭到很多人的指责。但米切尔还是遵照他的命令，19 日拂晓将编队部署在塞班岛西南 90

海里。

米切尔担心日军舰队和马里亚纳群岛的岸基航空兵实施两面夹击，虽然塞班岛机场已被美军登陆部队攻占，但关岛和罗塔岛的机场还有日军飞机，因此，米切尔先发制人于19日清晨出动飞机攻击这两岛屿上的日军机场，将正准备起飞的35架日机大部消灭，并破坏了机场设施，消除了腹背受敌的隐患。同时率领舰队向西南航行，随时准备攻击来犯的日军舰队，然而直到此时还未查清日军舰队的具体位置。

小泽的舰队到底在哪里呢？小泽吸取中途岛海战的经验教训，从18日起就派出多架侦察机严密搜索，并于下午发现了美军舰队，只是因天色将黑，己方的飞行员多未接受过夜航训练，才没出动飞机，而是命令丙队向东，自己则率甲乙两支编队向南，在美军飞机作战半径之外过夜，等待次日天亮后再出击。19日日出前，小泽就先后派出了战列舰和巡洋舰所携带的44架水上飞机进行侦察，15分种后，就数次接到发现美军舰队的报告，美军舰队在己方前卫300海里外，本队400海里外。他知道日机没有美机的装甲防护和自封油箱，作战半径比美军大100海里，达300海里，现在正是进行超远距离穿梭攻击的大好机会，便下令攻击。

7时25分，日军第一攻击波丙队64架飞机在中本道次郎大尉指挥下出击，其中战斗机14架、鱼雷机7架、战斗轰炸机43架。战斗轰炸机是日军因在1943年10月圣克鲁斯海战中，轰炸机几乎损失殆尽，而战斗机则大部平安返回情况下发展起来的，即将战斗机挂载60公斤炸弹，后经过改装，使战斗机可以挂载250公斤炸弹，实施对舰攻击。1943年底开始进行此项训练，至现在已经成为机动舰队的主要攻击手段。

9时，美军通过雷达在150海里外发现日机，米切尔命令甲板上待命的战斗机前去拦截日机，轰炸机和鱼雷机则因为日军舰队在攻击距离之外只得向东规避到安全空域。美军共有250架F6F“恶妇”战斗机起飞迎战，上升到7600米高度由航母上的空中控制官引导接敌，在距航母70海里上空对日机进行居高临下的攻击，一举击落25架，美机仅损失1架。其余日机突破美机拦截攻击了美军的战列舰编队，只有“南达科他”号战列舰被命中一枚炸弹，死27人，伤23人。在美舰密集的高射炮火射击下，又有16架日机被击落，日机共损失41架，仅23架得以返回母舰。

8时05分，日军第二攻击波甲队128架飞机由深川静夫大尉为空中指挥，其中战斗机48架、鱼雷机27架、轰炸机53架。刚起飞，一架轰炸机就发现海面上有6条射向“大凤”号航母的鱼雷航迹，便按下机头将其中一枚鱼雷撞毁。

就在日军第二攻击波机群起飞时，美军“大青花鱼”号潜艇突破了日舰的警戒圈，向“大凤”号航母齐射六枚鱼雷，有一枚被刚起飞的轰炸机撞毁，由于“大凤”号正在组织舰载机起飞，无法进行规避，一枚鱼雷命中右舷前部升降机附近舰体。“大凤”号是日军吸取中途岛海战经验建造的新型航母，飞行甲板有100毫米装甲防护，机库采用封闭式，以加强生存能力，还有先进的区域火灾控制和自动喷水灭火系统，完全可以承受500公斤级炸弹轰击，因此完工时被誉为“不沉的航母”。凭着厚实的装甲防护，一枚鱼雷造成的损失对航母并不会有致命的危险，“大凤”号仍能保持战斗航行，似乎并不在意这枚鱼雷。但航母所使用的婆罗洲原油挥发性很高，而鱼雷爆炸撕裂了输油管道，原油蒸汽慢慢从管道的裂口里挥发出来，在通风性极差的封闭机库里逐渐积聚，在中雷6小时后，机库内积聚的原油蒸汽发生了大爆炸，火势迅速蔓延，甚至将装甲飞行甲板都

二战中美国“大青花鱼”号潜艇

烧得严重变形，继而全舰停电，大火引爆了弹药舱，使得航母内部的大爆炸接二连三。小泽见情况不妙，先令“若月”号驱逐舰靠近接下舰员，再改以“羽黑”号重巡洋舰为旗舰，“大凤”号于16时28分沉没，有1650名舰员随舰葬身大海。日军的灾难并未结束。从菲律宾海域跟踪小泽舰队的“刺鲭”号潜艇紧接着也突破了日舰的警戒，向“翔鹤”号航母发动了攻击。由于负责保护“翔鹤”号的驱逐舰声纳装备比较落后，在有众多军舰活动的海域根本无法发现美军潜艇的逼近，使“刺鲭”号从容地在“翔鹤”号右舷前方1100米处占据了有利的发射阵位。随后它齐射了6枚鱼雷，其中3枚鱼雷直接命中，海水从炸开的破口汹涌而入，航母内部也燃起大火，并不时发生爆炸，舰体很快产生倾斜，14时10分沉没，有1271名舰员丧生。“刺鲭”号随后遭到日军驱逐舰长达3小时的追踪，总共承受了105枚深水炸弹的攻击，但“刺鲭”号凭借着灵活的机动，只受了轻伤，最终摆脱日舰攻击后返回塞班岛。

8时40分，日军第二攻击波机群经过前卫丙队时，被误为美机而遭到攻击，损失飞机2架。

10时许，日军第二攻击波遭到了美机拦截，空战进入高潮。作战经验丰富的美军飞行员大开杀戒，“埃塞克斯”号航母的战斗机大队长麦坎贝尔中校身先士卒，率队向日机猛冲猛打，一举击落4架。“列克星顿”号航母的弗雷西尔中尉驾机冲入日机机群，在60米的近距连连开火，仅耗弹360发就击落6架日机。美军战斗机如同牧童放羊一般，只要日机企图分散开，就以猛烈火力将其赶回队形，再集中火力射击队形密集的日机。在美机打击下，日机不断中弹坠海，甚至出现同时有15架飞机起火坠毁的壮观场面，一位美军飞行员在无线电里兴奋地大叫：“这真像古代的猎火鸡啊！”于是，这场激烈的海空大战就以“马里亚纳猎火鸡”而命名。

日机约有20余架拼死突破了美机的拦截，最终飞临美军舰队上空，但又遭到了美舰的高炮火力射击。由于美军高射炮使用了新式的近炸引信，命中率很高，日机又有十余架被击落，最后只有6架飞机向美舰发动了攻击，“邦克山”号航母被两枚近失弹击伤，死3人，伤73人，升降机和机库供油管道被炸坏，并引起了大火，但被迅速扑灭；“黄蜂”号航母被一枚炸弹击中，死1人，伤12人。日军这一攻击波，共损失飞机97架，其中轰炸机40架、鱼雷机24架、战斗机33架，另有2架轰炸机在返航途中因伤势过重而坠海，返回母舰的仅29架。

9时，日军第三攻击波乙队49架飞机，其中战斗轰炸机25架、战斗机17架、鱼雷机7架，由石见丈三少佐担任空中指挥。起飞后，有16架战斗轰炸机和4架战斗机与大队失散，便自成一队向目标海域飞去，一直飞出350海里也未找到美舰，于14时返回母舰。石见率领的其余飞机在途中接到母舰通报美军舰队新位置，但飞抵新位置后没有发现，就再转向旧目标位置，结果与美军约40架战斗机遭遇，双方随即展开空战。日军有5架战斗轰炸机、1架鱼雷机和1架战斗机被击落，最终失去了攻击美军舰队的战机，只得返回母舰。

上述返回母舰的飞行员，向小泽报告击伤美军5艘航母和1艘巡洋舰，比真实情况夸大了许多，使小泽认为战果辉煌，决定出动所有飞机乘胜追击，给美军更大的打击。10时15分，乙队出动了50架飞机，其中轰炸机27架、战斗机20架、鱼雷机3架，在目标海域没有发现美舰，便按计划飞往关岛降落，在关岛将要着陆时遭到了美机的攻击，日军有14架战斗机、9架轰炸机、3架鱼雷机被击落，降落在关岛的日机，机场跑道因美军轰炸而被严重破坏，所以在着陆时受到很大损失，几乎没有一架不受伤，因而无法再次起飞参战。10时20分，甲队出动18架飞机，其中轰炸机10架、鱼雷机和战斗机各4架，途中遭到美机有力拦截，被击落轰炸机8架、鱼雷机1架，另有1架鱼雷机因伤势过重于返航途中坠海。10时30分，乙队再度派出9架轰炸机和6架战斗机，到达目标海域没有发现美军，便在附近进行搜索，结果找到了美军的第二航母大队，立即实施攻击，美军“邦克山”号航母被一枚炸弹击中，所幸损伤轻微，日机则在美舰猛烈高炮火力下，损失了5架轰炸机和4架战斗机。日军距离美军最近的丙队，忙于回收返航的飞机，没有出动飞机。

日军在这几次攻击中，总共损失192架，而在关岛降落的飞机也大多被击毁，航母上的舰载机只剩102架，其中战斗机44架、战斗轰炸机17架、轰炸机11架、鱼雷机30架。小泽原打算如果战果较大，则于次日前进至马里亚纳群岛附近，继续实施攻击；如战果较小，则暂时向西退避，调整兵力后再行决战，但直到傍晚，仍不清楚战果究竟如何，又不清楚出击的飞机中有多少在关岛着陆，只得率领舰队向北航行，后又转向西北航行，并进行海上加油，准备次日再战。

由于“羽黑”号巡洋舰的通信系统较弱，小泽于20日12时再改以“瑞鹤”号航母为旗舰。

19日的战斗中，美军飞机没有对日军舰队实施攻击，倒是“大青花鱼”号和“刺鳍”号潜艇先立下头功，击沉了日军两艘3万吨级的大型航母。日军组织了4次对美军舰队的攻击，出动飞机286架次，损失192架，却只击伤美军2艘航母和2艘战列舰。美军仅损失战斗机23架。

美军挫败了日军的数次攻击，回收了出动的飞机之后，天色已晚。斯普鲁恩斯知道美军已经胜券在握，日军迂回攻击塞班岛登陆滩头的可能已不复存在，指示米切尔夜间可组织侦察

“瑞鹤”号沉没遗照

机搜索，舰队则连夜进至能够攻击日军舰队的位置，一旦确实掌握日军舰队位置，第二天清晨即可发起攻击。米切尔根据这一指示，除留下第四大队在塞班岛海域负责压制关岛和罗塔岛日军航空基地，亲率其余三个大队彻夜西进，准备第二天攻击。他考虑到飞行员已经激战整整一天，相当疲劳，夜间没有派出飞机搜索。

20日天亮后，米切尔指挥舰队一面西进，一面出动飞机进行搜索，但直到中午，仍未发现日军舰队。米切尔知道美军舰队航速为24节，日军舰队航速仅18节，直到现在没有发现日军，肯定是追击的航向不对，便改为向西北追击。下午16时许，才有一架飞机报告在西北约220海里发现日军舰队，距离远不说，而且出击飞机返航时天肯定全黑了，美军大部分飞行员还没有进行过夜间着舰训练，但如果现在不出击，等待次日天亮再出动，就将失去战机。米切尔思考一番后，决心立即出击！16时20分，美军航母转向逆风组织舰载机起飞，地勤人员

“羽黑”号重巡洋舰

行动极其迅速，在10分钟里就有216架飞机升空，其中战斗机85架、轰炸机77架、鱼雷机54架。由于航程较远，所有战斗机和轰炸机都携带了机腹副油箱。

美国第五舰队第58特遣舰队在这场海战中重创日本海军主力第一机动舰队，一举夺得西太平洋的制海权，同时巩固了在塞班岛建立起的阵地。美军仅付出76人阵亡、损失123架飞机、4艘军舰轻伤的极小代价，却击毁日军3艘航空母舰、两艘油轮及600架飞机。虽然无法再给予敌人更大的伤害，但其仍是一场决定性的大海战。此后日本航空母舰部队无力再与美军抗衡，只能在4个月后的雷伊泰湾海战中成为诱饵，悲惨地被全数歼灭。以后马里亚纳完全被美军控制，如同两周前盟军诺曼底登陆突破纳粹德国的大西洋壁垒一般，日本“绝对国防圈”惨遭突破，美国陆军航空兵（1947年改为美国空军）的大型远程战略轰炸机B—29得以进驻。

## 猎杀“大和”号战列舰

1945年4月6日下午3时22分，特攻舰队——日本联合舰队的最后一支舰队，在既无岸基航空部队掩护，又没有1架舰载机的情况下，开始起锚出港，以垂死挣扎之势冲向冲绳美军舰只停泊地，踏上了一去不复返的征程。

“大和”号战列舰的外形非常美观，甲板平坦，舷弧优美，桅杆与烟囱皆为流线型。它全长263米，宽38．9米，最大排水量72809吨，有4部涡轮发动机，最大航速27节。该舰最令人吃惊的是它的3座3联装的460毫米主炮塔，其分布为：舰

日本“大和”号战列舰

首2座6门，舰尾1座3门。每座炮塔全重2500吨，每发炮弹重达1.5吨，需要用液压装弹机进行装填。全舰除9门主炮外，还装有120多门各型火炮，其口径从30～360毫米不等。舰身两侧密布的多管联装高射炮，从一侧看去，犹如刺猬一般。该舰装甲设计之厚令人难以想象。主炮塔周围装甲厚560毫米，轮机舱垂直装甲厚410毫米，舷侧装甲412毫米，水起装甲厚达220毫米。整个军舰犹如一座浮动的钢铁堡垒和武器库。另外，“大和”号曾经是日本联合舰队司令长官山本五十六海军大将的旗舰，可说是出尽了风头。

4月7日清晨6时45分，美第58特混舰队指挥官米切尔海军中将派出的侦察机，发现了正加速驶向冲绳岛的日本特攻舰队。

冤家路窄，米切尔心中暗自高兴。因为米切尔一直想找一个好机会来证明，他的飞行员是能够炸沉这艘水面舰只的。这次“大和”号的突然出现，为他“提供了证明飞机优越性的大好时机”。

9时左右，米切尔对他的参谋长说：“请通知斯普鲁恩斯将军，除非另有指示，否则我提议于12时进攻“大和”号为首的日军舰队。”发给斯普鲁恩斯将军的电报最后是这样写的：“你攻呢，还是我攻?”斯普鲁恩斯在该封电报的空白处用红笔批上：“你攻!”米切尔得令后，为更有把握，于10时10分派出了由280架飞机组成的第1攻击机群，其中的大部分飞行员曾参加过击沉“大和”号姊妹舰“武藏”号的战斗，飞机上还挂有专门用来对付“大和”号超厚装甲的1000公斤重磅炸弹和MK46改进型鱼雷。

当庞大的机群隆隆升空后，米切尔这位两鬓斑白的美军老将站在旗舰的指挥塔上非常虔诚地对天祈祷：“愿上帝保佑我的天之骄子马到功成!”

中午12时20分，“大和”号上的雷达发现了美军正在快速袭来的大机群编队，观察哨惊呼道：“敌机200架以上，向我袭来!”舰上所有人员闻讯马上紧急行动起来。不一会儿，美攻击机群在侦察机的引导下，从云层里钻出，直接向以“大和”号为中心的日特攻舰队发起攻击。“开火!”“大和”号舰长有贺幸作一声令下，120多门火炮一起对空开火了。这种不要命的奋力气搏也是非常可怕的，只见“大和”号上的炮手们巧妙地用曳光弹编织成了数道严密火网，将美攻击机与日舰分割开来，一时间，美机竟无法突破这罕见的密集炮火。

然而，到手的“猎物”岂能再让它跑掉。美空中飞行指挥官霍兰·史密斯海军上校立即采取了主佯配合攻击战术。他将1支由80余架TBD“掠夺者”式鱼雷攻击机组成的偷袭机群派往“大和”号的右侧后方向，并指示要集中使用鱼雷去攻打日舰后半部的弹药仓部位。又让近100架SBD“无畏”式和“复仇者”式俯冲轰炸机组成的机群，迎着太阳向南飞去，然后利用阳光的折射向特攻舰队俯冲攻击。剩下的100余架飞机仍留在正面吸引日舰的火力，并伺机向日舰发起攻击。

失去空中掩护的日特攻舰队，单凭高射炮火怎么能够挡得

“大和”号战列舰在进行海试

住280多架美机的攻击呢？“大和”号灭亡的时刻已经不远了。80余架鱼雷攻击机突然出现在日舰的右舷后方，以10机编队开始实施轮番投雷攻击，成扇形一般的鱼雷航迹，使得“大和”号无论前进还是后退或是停止不动，都逃脱不了同时被数枚鱼雷击中的命运。“大和”号巨舰的右舷舰身吃水线以下部位首先被1枚鱼雷击中，同时，又有2枚鱼雷命中右舷尾部。随着一声声震天巨响，舰上惨相横生，死伤众多。据后来幸免于难的吉村少佐回忆说：“我奉命到后部雷达室去查看损坏情况，当我在弥漫的白烟中跑到后甲板，只见雷达室那坚硬无比的厚装甲，被炸成两半，上半部连影子都不见了，里面血肉模糊，10具尸体，有的流出肠子，有的断胳膊缺腿，真是惨不忍睹……”与此同时，从阳光中又出现了鱼贯而来的俯冲轰炸机，日舰上的高射炮手们被阳光刺得睁不开眼睛。一枚枚重磅炸弹像急风暴雨般的落了下来。“大和”号的前主炮塔被数枚炸弹击中，粗大的炮管被抛上了天空，不久又有多枚炸弹直接命中“大和”号，舰上顿时升起了冲天大火。

就在“大和”号巨舰遭美机轮番攻击时，在正面吸引日舰火力的100多架美机，乘机突破日舰火网，从正前方直接向“大和”号袭来。2枚炸弹一下子就把主桅杆炸断，1枚鱼雷命中这艘巨型战列舰的左舷，另1枚鱼雷则打进它的右舷。只见美机投掷的炸弹凌空而下，逼得这艘硕大的战舰在海面上扭起了“秧歌舞”。可“大和”号巨舰“身大体肥”，舰身笨重，根本难以招架。

13时50分，米切尔派出的第2攻击波150多架飞机又飞抵日特攻舰队上空，来给走向地狱的“大和”号送最后一程。此时，空中、海上到处是死亡陷阱，“大和”号彻底绝望了。一连串的爆炸声从这艘巨舰上响起，在这种近乎毁灭性的立体攻击下，即使有再厚的装甲又怎么能抵挡得住呢？在多波次的轮番攻击下，“大和”号的右舷至少被12枚改进型鱼雷击中，甲板上被打中近20枚重磅炸弹。“大和”号超级战列舰的上部结构几乎荡然无存，燃烧着的舰体已开始向右舷严重倾倒。

14时20分，从舰身后部传出了一阵闷雷般的爆炸声，“大和”号上的主炮弹药库被引爆，不一会儿，“大和”号——日本海军的象征，渐渐地被海水淹没了，海面上形成了一个深达近百米的大旋涡。下沉几秒钟后，“大和”号弹药库又发生了一次大爆炸，从海底传出翻江倒海似的巨响，高达数百米的烟柱和水柱直冲云霄……1945年4月7日14时23分，在九州西南海面约50海里处，“大和”号沉入海底。这时，那些尚未来得及投出机载炸弹、鱼雷的美军攻击机，转而把怒火发泄到日特攻舰队的其他战舰上。一顿狂轰滥炸，美军机群全部卸光了身上的“包袱”，日特攻舰队也大部分给“大和”号当了殉葬品。

这场恶战，米切尔将军先后派出 436 架舰载飞机，只损失了不到 10 架飞机，而“大和”号的沉没则标志着日本联合舰队的最后崩溃和毁灭。此后，在德国无条件投降这一消息的鼓舞下，美国人一鼓作气拿下了冲绳全岛。至 7 月 2 日，冲绳战役正式结束。

历时 96 天的冲绳之战，日本人破釜沉舟，拼死决战，使双方都遭到了重大损失。据美军公布：日军伤亡 11 万余人，损失飞机 7830 架（包括在地面被摧毁的约 3000 余架），舰艇 20 艘；美军则伤亡 75000 余人，损失飞机 763 架，驱逐舰以下舰艇 400 余艘沉没，大多数是被“神风”自杀机击沉的。

尽管美军在冲绳之战中损失惨重，但战役的胜利仍然具有极为重要的战略意义。占领冲绳，一下子将日本南部海上门户彻底砸开，使日本本土完全敞开在美军强大的攻势面前。同时，占领冲绳还切断了日本本土与台湾及以南地区的海上联系，从海上窒息了日本，为下一步向日本本土直接发起登陆作战创造了极为有利的条件。

# 第四章 当代局部战争中的航母

## 朝鲜战争中的海上先锋

“二战”结束后，世界并没有真正太平。在霸权主义大国直接干预和幕后操纵下，大大小小的局部战争和地区冲突接连不断。航母，这个海上的霸王，也马不停蹄地转战全球各地。

1950年6月25日，朝鲜战争爆发。最早调往朝鲜附近海域的是美国第77特混编队，其包括美国海军“福吉谷”号航空母舰、1艘巡洋舰、8艘驱逐舰，后英国皇家海军“凯旋”号航空母舰也加入进来，共有134架舰载机。7月3日和4日，“福吉谷”号、“凯旋”号航空母舰驶入黄海海域，从朝鲜半岛的西岸海域对朝鲜重要军事目标发动空袭。舰载机一连两天轰炸了朝鲜首都平壤的机场、油库、大同江铁桥、铁路调度场和海岸炮兵等目标。

由于美国远东空军从驻日本九州的机场起飞到朝鲜上空，留空作战时间短，不能对地面部队进行充分的空中火力支援，

航母被誉为“海上霸王”

因而航空母舰从7月中旬起开始担负支援地面作战的任务。7月18日至19日，“福吉谷”号航空母舰进入日本海，舰载机从朝鲜半岛的东部海域起飞轰炸元山、兴南、成兴、铁源等地，并掩护和支援美国第一骑兵师在浦项登陆北上作战。7月23日，“福吉谷”号航空母舰折返到黄海，袭击群山、全州、光州等地，对推进到南朝鲜的朝鲜人民军及其后方实施轰炸。7月下旬，由美军纠集的“联合国军”在朝鲜人民军主力的攻势面前向釜山退缩，美国航空母舰持续对釜山的“联合国军”进行近程空中支援。8月1日，美国“菲律宾海”号航空母舰加入第77特混编队的战斗序列。8月3日，“西西里”号和“培登海峡”号2艘护航航空母舰也投入战斗。舰载机对包围釜山的朝鲜人民军坦克、装甲车、人员和补给线实施猛烈轰炸，从8月份一直持续到9月中旬的仁川登陆。

在这场朝鲜战争中，航空母舰及其舰载机集中使用强度最大的一次作战是美军1950年9月15日发起的仁川登陆。为扭转朝鲜战场的不利局面，美国海军第7舰队派出200多艘舰艇组成登陆输送队，运送美海军陆战队第一师入侵朝鲜，侧击朝鲜人民军主力的后腰。第90特混编队为突击编队，编成内有“西西里”号和“培登海峡”号2艘护航航空母舰。第77特混编队担负海空支援的掩护，其主力有美国“福吉谷”号、“菲律宾海”号、“拳师”号、英国“凯旋”号4艘航空母舰，另有大批巡洋舰、驱逐舰、护卫舰、扫雷舰部署在仁川以西海域。美军共有318架舰载机，其作战任务是进行登陆前的预先航空火力准备，孤立仁川地区的朝鲜人民军，阻止朝鲜人民军主力向仁川增援。

登陆前，美航母出动舰载机一连数日在仁川港上空不断地进行空中照相侦察，搜集水文地理和天然障碍情报，查明朝鲜人民军的兵力部署、海防阵地构成和火力配系。9月5日至13日，舰载机实施佯攻作战，对位于距仁川约80千米处的群山地区滩头阵地展开了频繁侦察和密集的预先航空火力准备，制造企图在该地大举登陆的假象，分散和转移了朝鲜人民军海岸防御的注意力和兵力，减轻了在仁川方向发起登陆作战的阻力。当舰艇抵达实施预先火力准备时，舰载机对岸上防御阵地进行全面的航空火力压制，以确保火力支援舰艇的安全。舰载机在空中还负责舰艇预先火力准备的射击校正。

9月5日，登陆战役开始。在登陆部队上陆时，第90特混编队所属航空火力支援大队的护航航空母舰，出动舰载机对两个上陆滩头阵地实施连续的火力压制，近程支援海军陆战队在月尾岛登陆。然后，继续以空中火力支援配合地面作战。第77特混编队的航空母舰则出动300多架次舰载机，对仁川港周围40千米范围内的交通线进行不间断突击，以阻止朝鲜人民军的增援。

在以航空母舰及其舰载机为核心的绝对海空优势的有效支

援下，美军克服地形的不利因素，顺利实现了仁川登陆的战役目标，17日攻占永登浦，28日占领汉城，从而将朝鲜人民军的后方补给线拦腰切断，美军因此获得战场主动权。

美海军“埃塞克斯”号航母

10月，美国“莱特”号航空母舰抵达战区，美军航母总数增加到7艘。10月19日，中国人民解放军入朝，与朝鲜人民军并肩抗击美国侵略。美航母火速驶入日本海，出动舰载机轰炸鸭绿江大桥，企图阻止中国人民志愿军南进。当中国人民志愿军和朝鲜人民军发起强大攻势迫使美军节节败退时，美航母又急忙出动舰载机掩护地面部队向南撤退。此后，一直到1953年7月签署停战协定，美国在日本海经常保持24艘航空母舰，在黄海经常保持1～2艘航空母舰，从未间断舰载机对朝鲜的攻击。

1951年4月30日，2艘航空母舰出动舰载机，使用鱼雷轰炸、破坏华川坝；7月5日，2艘航空母舰出动247架次舰载机，支援元山作战。

1952年4月13日，2艘航空母舰出动246架次舰载机，对清漳进行轰炸；5月23日至24日，4艘航空母舰出动700架次舰载机，协同海军陆战队飞机一起轰炸水丰坝电厂；8月28日，

5艘航空母舰出动1080架次舰载机，联合空军飞机一起大规模轰炸平壤；11月18日，2艘航空母舰出动舰载机攻击会宁。

1953年签署停战协定前10天，4艘航空母舰每天出动700余架次舰载机进行大规模轰炸。

除上述提到的7艘航空母舰之外，先后参加朝鲜战争的航空母舰还有美国的“普林斯顿”号、“好人理查德”号、“埃塞克斯”号、“张伯伦”号、“奥里斯坎尼”号、“奇尔沙治”号、“巴丹”号、“拜罗考”号，英国的“光荣”号、“雅典王子”号，澳大利亚的“悉尼”号，共计18艘，其中护航航空母舰3艘。

## 陷入越南战争的泥潭

1964年8月2日，美海军“马克多克斯”号驱逐舰在北部湾搜集情报时遭北越鱼雷艇的攻击，此即“北部湾事件”。作

美国“小鹰”号航空母舰

为报复，“星座”号航空母舰立即进入北部湾，在8月5日起飞64架舰载机轰炸了越南北方鱼雷艇基地和贮油设施，多艘越南炮艇和鱼雷艇被击沉击伤，美舰载机也被击落、击伤各2架。从此，美国开始陷入长达8年的侵越战争泥潭。

美国海军第7舰队第77特混舰队航空母舰于1965年2月7日对越南北方实施了首次大规模空袭。“珊瑚海”号、“汉科克”号、“突击者”号航空母舰出动83架舰载机，主要攻击越南的地面军事设施、部队集结地和港湾。11日，3艘航空母舰再次发动空袭，出动99架舰载机。同年3月，美国对越南北方实施“雷鸣”作战，航空母舰舰载机的任务是继续攻击越南北方陆上目标，并为地面部队提供空中火力支援。此役开始时，有4艘航空母舰参加作战，到年底增至10艘，1967年达到11艘。先后参加过作战的航空母舰共计15艘，除上述提及的5艘之处，还有“埃塞克斯”号、“奥里斯坎尼”号、“勇猛”号、“好人理查德”号、“中途岛”号、“福莱斯特”号、“萨拉托加”号、“独立”号、“小鹰”号、“美国”号。“雷鸣”作战持续3年之久，进行了57次战斗行动。舰载机的袭击遭到越南防空部队高炮和地空导弹的顽强抗击，损失严重，被击落300

美国“突击者”号航母

余架，被击伤约1000架。从1968年3月起，美国部分停止对越南北方的空袭；5月，美国和越南北方在巴黎举行和谈；11月，美国无条件全面停止对越南北方的轰炸和炮击。

1970年11月21日，美国“突击者”号和“汉科克”号航空母舰部分恢复空袭越南北方，到1972年再度全面升级。当越南北方军队1972年4月春季攻势凶猛如潮的时候，美国企图通过对越南北方的轰炸加以阻挡。加入空袭作战的航空母舰又增至6艘。航母舰载机与空军陆基飞机的联合作战进一步密切，4月15日，舰载机和B—52式轰炸机协同空袭海防港，重创本来就实力单薄的越南北方海军。5月9日，美国总统尼克松宣布对越南北方沿海实施布雷封锁。两天后，4艘航空母舰出动舰载机针对越南北方重要港口和航道开始了高强度、大规模的布雷行动。10月份，“中途岛”号、“美国”号、“萨拉托加”号、“小鹰”号、“奥里斯坎尼”号、“企业”号航空母舰陆续开赴越南战场执行战斗任务。布雷行动持续至当年年底，空中布放的各种锚雷、漂雷、沉底雷总共11000余枚，给越南北方的海上交通运输造成巨大打击。在1972年的作战中，美国损失了157架舰载机。

越南战争中，航空母舰舰载机配合战略空军、战术空军、陆战队航空兵飞机，形成和发挥了整体上绝对领先的空中优势。舰载机参加了空中力量执行的全部作战任务，包括：空中阻滞——孤立敌方地面战场，使敌地面部队失去后方支援而不能持久作战；近距空中支援——突击敌方地面部队驻地和集结地域，压制机降地域的敌方火力，摧毁敌军的防御体系，开辟着陆场，破坏敌方地面部队进入和退出作战地域的通道，压制敌方火力点；空运和空中机动——作战物资与部队人员的远程、快速运输投送，空降突击，空投补给；空袭——轰炸、破坏敌

舰载机在美国“汉科克”号航母上降落

方重要军事设施；空中布雷——封锁敌方港口和海上交通线。航空母舰在越南战争期间参战时间之长、出动强度之大、使用数量之多、执行任务之广，都创下战后的最高纪录，对整个战争的进程产生了重要而深刻的影响。英国海战史专家安东尼·普雷斯顿在他的著作《航空母舰》“越南战争”一节给予这样的评论：“需要指出的是：美国海军的航空母舰在这次战争中仍然发挥了主要作用。”经过越南战争，除了空中联合作战理论得到丰富和发展之外，电子战、指挥控制系统、制导炸弹等高新技术手段和兵器在实战中做了大量、广泛的试验和应用，日趋成熟，效果显著。这些因素都极其有力地为航空母舰和舰载机的作战能力继续注入了活力，使之不断攀升。

越南战争中，美海军向前线不断投入最新的武器装备。1965 年 6 月，“独立”号航空母舰首次使用具备全天候作战能力的 A—6 式舰载攻击机；1965 年 11 月，“小鹰”号航空母舰首次搭载 E—2A 式预警机和 EA—3B 式电子战飞机作战；1965

“好人理查德”号航空母舰

年末，美国当时唯一的核动力航空母舰“企业”号抵达作战海区。技术优势和空中优势使美国赢得了大大小小的战斗，但是政治上、道义上的拙劣错误使美国最终无法赢得整场战争。1973 年 1 月 27 日，美国在《关于在越南结束战争、恢复和平的巴黎协定》上签字。3 月，美国从越南撤军。与朝鲜的情况不同的是，美国航空母舰在战争结束之后就基本中断了在越南沿海的敌对活动。

## 马岛海空大战

20 世纪 80 年代初，英国皇家海军“竞技神”号和“无敌”号航空母舰远征 13000 多公里，奔赴南大西洋，经历了一场海

英国“竞技神”号航母

上封锁与反封锁、登陆与抗登陆多种作战样式交织的现代海上局部战争。

在南美洲国家阿根廷东南约 500 千米的浩瀚洋面上，有一片由 346 个岛礁组成的群岛，称为马尔维纳斯群岛（简称马岛），也叫福克兰群岛。历史上，英国人于 1690 年首次发现马岛，法国人、西班牙人也先后涉足马岛，1816 年阿根廷声明继承西班牙对马岛的主权，1833 年 1 月 3 日英国皇家海军进驻马岛宣布对马岛行使主权，此后，英阿两国一直为马岛主权争执不休。阿根廷政府决心以武力收回马岛主权，于 1982 年 4 月 2 日至 3 日派军队先后攻占马岛的索莱达岛和南乔治亚岛。索莱达岛又称东福克兰岛，是首府阿根廷港所在地。英国人将阿根廷港称作斯坦利港。

对此，英国政府立即作出强烈反应。4 月 3 日，英政府决定向南大西洋派遣海军特混舰队重新夺占马岛。特混舰队调集了 40 余艘舰船，英国仅有的 2 艘航空母舰“竞技神”号和“无敌”号列入其中，装载了 20 架“海鹞”式舰载机、45 架舰载直升机和地面部队 4000 人，仅用了 2 天时间备战备航，于 4 月 5 日起航南下。“竞技神”号航母担任特混舰队旗舰，它是一艘在第二次世界大战中动工、1959 年服役的老舰，经过多次改装，1971 年改装为直升机母舰，1976 年又改装为反潜航空母舰，舰艏设置了滑橇式飞行甲板，搭载 12 架“海鹞”式舰载机。“常胜”号航母是一艘新舰，1980 年服役，搭载 8 架“海鹞”式垂直/短距起降舰载机，9 架“海王”式舰载直升机。英国海军为弥补兵力的不足，紧急征用、改装了一批商船加入特混舰队的行列。其中，18000 吨的“大西洋运送者”号大型集装箱货船经改装后运载了 20 架“海鹞”式舰载机，44800 吨的“堪培拉”号远洋客船经改装搭建了 3 个直升机平台。

4 月 17 日，英特混舰队抵达阿森松岛，进行补给；23 日，特混舰队的一支先遣队抵近南乔治亚岛 50 海里海域；25 日，英军使用直升机机降登陆，重新占领南乔治亚岛；29 日，英特混舰队主力抵达马岛海域，准备开战。“海鹞”式舰载机立即担负起特混舰队上空的巡逻警戒和掩护的重任，直至战争结束。

英军作战的第一步是加强对马岛的海上封锁，孤立、消耗、疲惫驻岛阿军。两天后，英特混舰队迫不及待地发起对马岛的空袭。“海鹞”舰载机从“竞技神”号和“无敌”号航空母舰上腾空而起，分 5 批重点轰炸了索莱达岛上位于阿根廷港和古斯格林的两处机场。5 月 3 日，从航空母舰上起飞的英舰载直升机使用空舰导弹击沉了 2 艘阿根廷巡逻艇。9 日，1 架“海鹞”式舰载机击沉了 1 艘阿根廷侦察渔船。15 日，舰载直升机运送 40 名突击队员在索莱达岛西面的佩布尔岛（又称博尔冯岛）着

英国“竞技神”号航母

陆，袭击该岛的阿军机场、雷达站、弹药库，炸毁 11 架飞机；当天，英“海鹞”舰载机继续空袭阿根廷港及附近机场。在海上封锁过程中，英“征服者”号潜艇于 5 月 2 日击沉阿“贝尔格拉诺将军”号巡洋舰；4 日，英“谢菲尔德”号驱逐舰被阿根廷 2 架“超军旗”式战斗轰炸机发射的“飞鱼”式导弹击沉。

5 月 21 日，英军作战从海上封锁转入登陆马岛。“竞技神”号和“无敌”号航空母舰的飞行甲板变得更加紧张、繁忙。“海鹞”舰载机达到最大出动强度，为登陆舰艇和登陆部队提供空中掩护和火力支援。阿根廷空军飞机全力攻击英舰船和上陆部队，阻止英军登陆，取得一定战果，但遭到英“海鹞”式舰载机的拦截，未达到作战目的，并付出重大代价，仅 21 日一天就有 17 架飞机被击落。25 日，阿根廷国庆日，阿根廷空军配合地面部队的反登陆作战发动了开战以来最大规模的空袭，冲破“海鹞”式舰载机的拦截，击沉击伤英舰船多艘，损失 3 架飞机。这一天，阿根廷飞机企图攻击英航空母舰，但导弹偏离目标击中“大西洋运送者”号大型集装箱货船。30 日，阿根廷 2 架“超军旗”式战斗轰炸机、4 架 A—4 攻击机袭击英“无敌”号航空母舰，未能成功，其中 2 驾反而被“海鹞”式舰载机击落。6 月 6 日，阿根廷飞机对运送后续部队和装备的英舰船和陆上部队继续猛烈空袭，虽然击伤 1 艘护卫舰、2 艘登陆舰，但也有 10 架飞机被英“海鹞”式舰载机击落。

6 月 14 日，英军重占马岛，战争结束。英“海鹞”式舰载机在“竞技神”号和“无敌”号 2 艘航空母舰一共起降 2376 架次，击落阿根廷飞机 24 架，击沉击伤阿根廷舰船 9 艘，但也付出损失 6 架的代价。英航空母舰和舰载机在夺取战场制海权、制空权，实施封锁和支援登陆作战中，发挥了重要作用。

马岛战争本是战后历次局部战争中，唯一交战双方都拥有航母的战争。阿根廷有一艘“5月25日”号航母，但由于阿海军消极避战，该舰自始至终都没有参加作战。因而，可能发生的航母之间的战斗，实际上没有发生。

英阿马岛之战，上演了一场舰载机与陆基飞机的大比拼、大对决。由于战场是海洋和群岛，而不是在大陆，所以无论是能力还是结果，最终英国皇家海军的航空母舰胜过了阿根廷空军的机场，英国皇家海军的舰载机胜过了阿根廷空军的陆基飞机。

如果拿英国海军航母与美国海军航母比较，马岛战争也暴露了一些不足。首先，缺少预警机使得英海军的航母编队没有足够的远程空中预警能力，对空防御时常出现疏漏，这让阿根廷飞机有机可乘；其次，航空母舰的数量少，吨位小，舰载机的规模不大，既要对海上目标攻击、对岸上目标攻击，又要担负舰队防空，难免顾此失彼，有时力不从心。

## 舰载机空袭利比亚

非洲大陆北部的利比亚毗邻地中海，它的北面就是地中海南部最大的海湾——东起班加西、西至米苏纳塔港宽达300海里的锡德拉湾。1981年8月，美国海军第6舰队的“尼米兹”号、“福莱斯特”号2支航空母舰战斗群集合20余艘舰艇、200余架舰载机，进入被利比亚宣布为领海的锡德拉湾海域举行一年一度的例行海上军事演习。18日，利比亚空军派出米格—23、米格—25飞机75架次飞赴美海上军事演习区上空进行侦察监视。美航母舰载机则频频升空巡逻、警戒，并拦阻和驱赶利比亚飞机。19日，美“尼米兹”号航母起飞的2架F—14A式舰载机在距离利比亚海岸60海里的空域，遭到2架利比亚空军苏—22式战斗轰炸机的空对空导弹攻击。在成功摆脱来袭导弹之后，美F—14A式舰载机反过来使用空对空导弹将2架利比亚苏—22战斗轰炸机击落。此次冲突之后，美利关系更加恶化。

美国针对1985年12月27日在意大利罗马机场和奥地利维也纳同时发生的恐怖事件作出反应，从1986年1月3日开始，陆续将“美国”号、“珊瑚海”号、“萨拉托加”号3个航母战斗群的34艘战斗舰艇和250余架舰载机先后调往地中海，以打击国际恐怖主义为由，向利比亚施压。利比亚方面针锋相对，1月26日重申锡德拉湾为利比亚领海，宣布锡德拉湾北纬32°30'

美国空袭利比亚

线为“死亡线”，对越过该线的美军舰只和飞机将予以打击。美军则相应制订了袭击利比亚的“草原烈火”作战计划，准备自3月23日至4月1日，以演习为名越过利比亚划定的“死亡线”进入锡德拉湾海域，诱使利军首先开火，然后借口自卫，转而对利比亚进行惩罚性打击。

3月23日11时30分起，美航母战斗群在距利比亚海岸180海里的海域以挑衅姿态开展“和平自由航行与飞越”海空联合演习。E—2C预警机升空对参演兵力实施协调，并进行空中预警；EA—6B电子战飞机在空中监视利比亚雷达工作状况，收集技术参数，准备进行电子干扰；F—14战斗机和F/B—18攻击机率先越过“死亡线”，在锡德拉湾上空作试探性飞行机动。“提康德罗加”号导弹巡洋舰在1艘驱逐舰和1艘护卫舰的伴随下也越过“死亡线”，开进锡德拉湾东部海域造势，咄咄逼人。24日清晨，位于锡德拉湾东南岸锡德尔镇的利比亚岸防导弹阵地对美舰实施导弹攻击，发射2枚“萨姆”反舰导弹。美EA—6“徘徊者”舰载电子干扰飞机施放电子干扰，使导弹在偏离目标1．5千米的海面坠落。随后，利比亚空军2架米格—25飞机

美国“尼米兹”号航空母舰

逼近美舰，遭美舰载机拦截后返回。傍晚，利比亚岸防导弹阵地再次对美航母编队舰机实施导弹攻击，分别发射了多枚“萨姆”反舰和防空导弹，仍然受到电子干扰，无一命中。当晚，美航母凭借夜视器材的优势利用黑夜发起主动攻击。21 时 26 分，“美国”号航母的 2 架 A—6 攻击机向高速接近美舰的利比亚导弹巡逻艇发射“鱼叉”导弹，并投掷“石眼”式集束炸弹，将其击沉。22 时 06 分“美国”号航母的另 2 架 A—6 攻击机在 EA—6B 电子战飞机支援下，使用“哈姆”反辐射导弹攻击了利比亚岸防导弹阵地上正在工作的雷达站。23 时 15 分，“珊瑚海”号航母 2 架 A—6 攻击机对 2 艘利比亚导弹艇进行攻击，将其重创。25 日凌晨，美舰载机对利比亚的岸防导弹阵地和导弹艇等目标进行了反复攻击。直至美航母特混舰队于 25 日上午 9 时接到命令后撤，作战活动时间持续了 35 个小时，舰载机一共起飞 1546 架次，平均每小时 44 架次。交战中，舰载机日益增强、日趋完善的攻防能力都得到了充分体现，在成功实现对反舰导弹有效防御的同时，完成了对岸上固定目标和海上运动目标的有效攻击。由于大量吸收和应用了电子技术和信息技术，美军航母作战能力又跃升到一个新的水平。

3 月底，“萨拉托加”号航母离开地中海回国，“珊瑚海”号、“美国”号 2 个航母战斗群移至地中海西部海域游弋，继续保持对利比亚的威慑。4 月 2 日，美国 1 架波音 727 客机被炸；3 天后，西柏林一家有许多美国人聚集的舞厅被炸。美国认为这两起爆炸事件均为利比亚策划。“草原烈火”作战之后不到 20 天，美国又发动一场针对利比亚的更大规模的军事打击—代号为“黄金峡谷”。4 月 14 日，以“珊瑚海”号、“美国”号航母为核心的特混编队 32 艘舰船搭载 160 架舰载机就位于地中海中部距利比亚海岸 500 千米的海域，虎视眈眈。印度洋上的

“企业”号航母战斗群则火速驶向阿拉伯海，做好随时向地中海方向靠拢增援的准备。15 日凌晨 1 时 20 分，航母特混编队上空，即将参战的舰载攻击机机群，与从 5000 千米外英国基地出发、沿途经过 3 次空中加油飞来的美国空军战斗轰炸机机群准时准点会合。联合攻击兵力有：海军 A—6 舰载攻击机 15 架、A—7 舰载攻击机 6 架、FA—18 舰载战斗机 6 架、EA—6B 式舰载电子干扰机 6 架；空军 FB—111 战斗轰炸机 22 架、EF—111 电子干扰机 6 架。另有百余架舰载战斗机担负空中警戒和伴随掩护。攻击目标分别锁定在的黎波里和班加西两地。

1 时 48 分，预先突击开始。A—7 攻击机、FA—18 战斗机、EA—6B 电子干扰机分成两个攻击方向，向的黎波里和班加西周围的雷达站发射“百舌鸟”和“哈姆”反辐射导弹 50 枚，直接摧毁 5 座，其余雷达站被迫关机，切断了利比亚防空系统预警信息源，导致整个防空系统彻底瘫痪。EA—6B 电子干扰机与 EF—111 式电子干扰飞机继续对的黎波里、班加西两地的雷达和通信设施进行电子干扰。

美国“企业”号核动力航空母舰

1时54分，主要突击行动开始。A—6攻击机在班加西方向，分为2组行动：8架攻击贝尼纳空军基地，7架攻击“民众国”兵营。FB—111战斗轰炸机在的黎波里方向，分为3组行动：8架攻击利比亚领导人卡扎菲的住所和阿齐齐耶兵营，每架携带4枚2000磅激光制导炸弹；5架攻击的黎波里国际机场军用区，每架携带12枚500磅激光制导炸弹；3架攻击西迪比拉尔港兵营“突击队训练中心”，每架携带12枚500磅激光制导炸弹。2时11分，历时17分钟的主要空袭行动结束。除1架FB—111式战斗轰炸机被地面炮火击落之外，其余参加空袭的飞机全部安全返航。

此次短促的空袭行动，美军投掷了150吨炸弹，按预先计划命中、摧毁了各主要突击目标，造成严重破坏和伤亡。由多军种、多机种组成的空中攻击兵力在时间和空间上协同配合，攻击效果达到了极为精密准确的程度，开创了“外科手术”式打击的先例。

## 海湾战争建奇功

英国作者安东尼·普雷斯顿在《航空母舰》一书中介绍说：“美国海军的航母一如既往地最先抵达现场。除此之外，还有充分的证据可以证明，这些航母在当时还是唯一能够阻止伊拉克进一步侵入沙特阿拉伯的手段。”事实正是如此。

当伊拉克军队越过国境线侵入科威特的当晚，正在印度洋迪戈加西亚岛附近海域执勤的“独立”号航母最先接到国防部命令，火速驶近阿曼湾，8月7日抵达海湾入口处的预定阵位。

在地中海执勤的“艾森豪威尔”号航母于8月8日接到部署海湾的命令，11日穿越苏伊士运河进入红海。“萨拉托加”号航母于8月7日驶离美国东海岸向海湾进发，8月22日进入红海；“肯尼迪”号航母于8月15日驶离美国西海岸向海湾进发，9月14日通过苏伊士运河进入红海；很快，美国在中东地区集结了4个航母战斗群，对伊拉克形成直接、有力的军事威慑，实现了阻止伊拉克进一步进攻沙特阿拉伯的战略意图。

尔后，美国继续抽调航母部署到海湾地区：“中途岛”号航母于10月2日驶离日本横须贺基地，11月1日抵达海湾；“突击者”号航母于12月8日开始部署，1991年1月12日进入北阿拉伯海阵位；“罗斯福”号航母于12月8日离开诺福克，1991年1月14日通过苏伊士运河进入红海，战争爆发前到达阿拉伯海阵位；“美国”号航母于12月8日离开诺福克，1991年1月15日经苏伊士运河进入红海；2月7日离开红海，2月15日抵达波斯湾。

海湾战争中，美国海军先后出动了8艘航母。“独立”号和“艾森豪威尔”号航母中途撤离，未参加实际作战；此后，海湾地区部署的美军航母维持在6艘，参加实际作战的也就是这6艘。此外，英国在海湾部署了“皇家方舟”号航母，法国在海湾部署了“克莱蒙梭”号和“福煦”号航母。

在航母部署过程中以及部署就位之后，美国还同时实现了另一个战略目标——搭制海上交通线，为地面部队和空军部队投入战区提供掩护，保证了占作战装备、物资和人员总运量90%的海上运输安全、畅通。

控制海洋除了确保已方利用海洋之外，还要阻止对方利用海洋。时任美国总统布什于8月16日发出命令，海湾地区美海军拦截一切过往的伊拉克商船，对伊实施全面的海上封锁。在此后的7个月中，总共有165艘舰艇拦截和盘查了7500艘商船，其中登船检查964艘，迫使51艘商船（装载100万多吨禁运物资）改变航向。航母舰载机除为海上拦截行动提供空中掩护之外，还担负对海上目标的搜索，舰载直升机还执行登船检查的任务，直接参与海上拦截。1月31日，“肯尼迪”号航母派遣“海豹”小队队员乘舰载直升机机降登上1艘悬挂圣文森特国旗的“超级明星”号货船，迅速控制该船，配合美舰“比德尔”号巡洋舰派遣的海岸警卫队登船检查。以航母为坚强后盾的舰艇编队通过严厉的海上拦截活动，完全切断了伊拉克的海上通道，使伊拉克石油出口、战略物资进口被迫停止，经济和军事潜力受到沉重打击。

1991年1月17日“沙漠风暴”行动开始时，“中途岛”号、“突击者”号、“罗斯福”号3支航母编队位于波斯湾，编

美国“萨拉托加”号航空母舰

成波斯湾特混舰队，由第5航母大队司令兼任舰队司令，“中途岛”号为旗舰；“肯尼迪”号、“美国”号、“萨拉托加”号3支航母编队位于红海，隶属于红海特混舰队，由第2航母大队司令任舰队司令，“肯尼迪”号为旗舰。后来，为了更好地对地面进攻进行空中支援，“美国”号航母调往波斯湾，加强波斯湾特混舰队。

6艘航母配备6个舰载机联队：“萨拉托加”号航母配备第17航空联队，舰载机78架；“肯尼迪”号航母配备第3航空联队，舰载机84架；“中途岛”号航母配备第5航空联队，舰载机62架；“突击者”号航母配备第2航空联队，舰载机68架；“罗斯福”号航母配备第8航空联队，舰载机84架；“美国”号航母配备第1航空联队，舰载机73架。舰载机一共有9种类型、455架，约占多国部队飞机总数的16%。在“沙漠风暴”行动中，美航母编队出动舰载机18120架次，占多国部队飞机出动的架次也大约为16%。舰载机所执行的作战任务主要是空中侦察预警、空袭、反舰、防空等。

航母舰载EI—2C预警机是美军在战区内最早部署的空中预警与控制系统飞机，用于汇集机载空中预警控制系统、舰载“宙斯盾”系统和其他来源的战场信息，加以综合分析，为海湾战区指挥官提供全面、准确、实时的战场情报。“沙漠风暴”行动期间，它们从红海和波斯湾航母起飞，24小时不间断地执勤飞行，对战场态势实行全时监视，使海军攻击部队及其他多国部队清晰了解战场态势。机组的空中管制人员还进行有针对性的战术控制，协调各类兵力之间的行动，避免多国部队内部相互发生冲突。整个战区内共配置了27架E—2C预警机，其中25架由航母搭载。

空袭是海湾战争中持续时间最长、起作用最大的作战形式，而航母战斗群是空袭的一支重要力量。从红海和波斯湾航母起飞的舰载攻击机与美国空军、英国皇家空军的飞机一起对巴格达附近以及伊拉克西部的“飞毛腿”导弹阵地、机场、防空系统、通信网、供电设施等目标进行猛烈轰炸。空袭第一天，就从航母上起飞舰载机 548 架次。战争期间，在多国部队对伊拉克所进行的空袭行动中，由航母发起的打击行动占到 35%，舰载电子战飞机针对伊拉克地面防空系统实施了有效干扰和压制。

反舰作战始于 1 月 18 日，“突击者”号和“中途岛”号航母派出舰载攻击机击伤了伊拉克 2 艘炮艇、1 艘导弹艇和 1 艘勤务船。当天，“突击者”号航母还起飞了 18 架舰载机执行在祖拜尔河口布设水雷的任务，目的是把波斯湾北部的伊拉克海军水面舰艇同巴士拉、祖拜尔、乌姆盖斯尔的港口兵力和海军基地隔开来。22 日，“中途岛”号航母的舰载机击沉 1 艘伊军气垫艇。24 日，“罗斯福”号航母的 A—6E 舰载机击毁 1 艘布雷

美国“突击者”号航母

舰和1艘巡逻艇，F/A—18舰载机袭击伊拉克乌姆盖斯尔海军基地时击伤4艘舰艇。2月20日，“罗斯福”号航母舰载机击毁1艘炮艇。

夺取制空权后还必须尽力保持，在舰载机的全部作战活动中，21%的架次是执行防空任务。防空主要采用电子战手段，真正的空战仅有一次。1月18日，从“萨拉托加”号航母起飞的2架F/A—18舰载机在轰炸一个机场时，发现2架伊拉克米格—21歼击机，并用“响尾蛇”导弹将其击落，这场遭遇战是美航母舰载机与伊空军唯一的一次空中格斗。

## 对伊战争再逞威

20世纪末，在美国主导下，美英海军航空母舰继续忙于应付全球各地频发的大规模军事行动和战争。

1998年1月23日，美国总统克林顿发表声明，如果萨达姆不同意联合国武器核查，美国将在2周内对伊拉克采取军事行动，这种行动将不会顾及联合国安理会意见而单独进行；一旦发起行动，打击将是毁灭性的。随后，美国国防部宣布向海湾增兵，同时开始了自海湾战争以来该地区规模最大的军事集结，并制订了代号为“沙漠惊雷”的作战计划，准备对伊拉克发动大规模军事打击，由此拉开了1998年海湾危机的序幕。危机发生之前，美海军第5舰队“尼米兹”号航母战斗群进驻海湾。2月中旬，“尼米兹”号航母到期换防，“华盛顿”号航母战斗群驶抵海湾；2月5日驻日本横须贺第7舰队的“独立”号航母战斗群到达海湾；2月22日“斯坦尼斯”号航母和“塔拉瓦”

号两栖戒备大队也抵达海湾。在美国向海湾派遣海军力量的同时，英国“无敌”号航母和“光辉”号轻型航母编队也随后抵达海湾。美英两国在海湾共部署包括5艘航母在内的作战舰只31艘。

1998年12月，美英两国以伊拉克“不同联合国核查小组合作”为由，未经联合国安理会授权，动用包括“企业”号和“卡尔·文森”号航母在内的39艘战舰，以及B—52战略轰炸机、F/A—18“大黄蜂”战斗攻击机在内的约70架各种作战飞机对伊拉克进行了军事打击。美国东部时间12月16日深夜，克林顿一声令下，“沙漠之狐”从游弋在波斯湾的美海军“企业”号航母上出击了。23时07分，从“迈阿密”号核潜艇上发射的第一枚“战斧”巡航导弹飞向伊拉克，拉开了“沙漠之狐”战幕。半个小时之后，F/A—18“大黄蜂”战斗攻击机和F—14“雄猫”战斗机从“企业”号航母的跑道上起飞，呼啸着冲上天空，深入伊拉克空域实施轰炸。在首轮袭击中，“企业”号航母战斗群共发射了大约200枚“战斧”巡航导弹。而

美国“尼米兹”号核动力航空母舰

在1991年的海湾战争中，袭击伊拉克的“战斧”式巡航导弹总共不到300枚。第一个晚上全部都是美国海军参战。第二天晚上，“企业”号航母战斗群再次向伊拉克纵深发射了大约50枚巡航导弹，“葛底斯堡”号巡洋舰携带的大约100枚“战斧”导弹几乎耗尽。第三天晚上，“卡尔·文森”号航母率领由6艘舰只组成的战斗群抵达海湾，加入“沙漠之狐”作战行列。12月20日清晨，美军宣布“沙漠之狐”行动结束。

1998年，南斯拉夫联盟科索沃地区连续发生多起阿尔巴尼亚族人同塞尔维亚警察之间的暴力流血事件，引起有关国家和国际社会的关注。1999年3月24日至6月9日，以美国为首的北约未经联合国安理会授权，对南联盟共进行78天的轰炸。北约先后出动飞机2万多架次，在南联盟10多万平方千米的土地上投下了2. 1万多吨炸弹，发射了1300枚巡航导弹，击毁了包括学校、工厂、企业、桥梁、医院、电站、新闻机构等民用设施在内的许多目标。致使南联盟上千平民死亡，6000多人受

F/A—18C/D型“大黄蜂”战机

伤。战争准备阶段最先在亚得里亚海部署就位的海军兵力是“企业”号航母，此外还有8艘军舰跟随“企业”号，包括3艘驱逐舰、2艘巡洋舰以及3艘可以发射“战斧”导弹的攻击核潜艇。3月29日后美英继续向战区增兵，美国“艾森豪威尔”号航母也驶往亚得里亚海。卷入这次战争增援空袭的航母还有美国“罗斯福”号航母、法国“福熙”号航母、英国“无敌”号航母。

2001年9月11日，美国4架民航飞机遭恐怖分子劫持，随后撞击了纽约世界贸易中心和华盛顿五角大楼。美国认定藏匿在阿富汗受塔利班保护的本·拉登是这次事件的主谋，遂决定发动阿富汗战争。9月11日后，印度洋上的美第5舰队立即处于一级战备状态，“文森”号和“企业”号两个航母战斗群于9月17日分别在海湾水域和印度洋上待命。除了第5舰队之外，驻日本横须贺的美军“小鹰”号航母于15日离港，朝印度洋进

美国“小鹰”号航母

美国 F/A—18E/F“超级大黄蜂”多用途战斗攻击机

发。19 日，“罗斯福”号航母也开往波斯湾及印度洋地区，使美军在该地区的航母数量增至 4 艘。4 艘航母的舰载机连同驻扎在土耳其等基地的战机，美军在该地区的战机数量超过 700 架。不久，英国海军包括“光辉”号航母在内的 20 余艘军舰也向海湾进发。10 月 7 日，美国开始对阿富汗实施了 2 个多月的持续轰炸。塔利班军队节节败退。反塔利班的北方联盟乘势挥师南下。在国内外反对势力的联合打击下，塔利班对阿富汗长达 6 年的统治终于垮台。

2003 年 3 月 20 日，当地时间上午 10 时 30 分左右，美军发动伊拉克战争。这是冷战结束以后美国发动的第 5 次对外重大军事行动。美军将 20 日的首日空袭行动命名为“斩首行动”。这一天，从“林肯”号航母上起飞的 F/A—18E/F“超级大黄蜂”战斗攻击机攻击了伊拉克境内重要军事目标。这是美军航母首次在战争中使用 F/A—18E/F“超级大黄蜂”战斗攻击机。24 日，“小鹰”号航母出动各型飞机 90 架次，其中 32 架次参与直接攻击。15 架执行空袭任务的 F/A—18E/F“大黄蜂”战斗攻击机，在伊境内投下 25 枚重 1000 磅和 1 枚重 2000 磅的导弹，攻击目标包括巴格达的防空设施、战壕和军火库等。

# 第五章　世界航母集锦

航空母舰属于大型水面舰只，它攻防兼备，作战能力强，能执行多种战役战术任务，极具威慑力，因而备受世界各国海军的青睐。现代航空母舰及舰载机已成为高科技密集的军事系统工程。不少专家认为，航空母舰已成为一个国家的军事、工业、科技水平与综合国力的象征。

现在，世界上许多国家都能造出最大排水量达5万吨的轮船，但是能造出排水量达10万吨的航母的国家却屈指可数。与普通的轮船不同，航空母舰所需要的动力是巨大的。它装的东西很多，还得配备备用动力装置等。航空母舰必须有极其巨大的机库，用来停放飞机。它的设计也十分复杂，要考虑生活在航母上的许多士兵的生活。所以，航母不是很容易就能造出来的。

目前，世界上现役航空母舰共26艘，在建的4艘；直升机母舰3艘；两栖攻击舰15艘，在建2艘。航空母舰问世至今，世界上建造过航空母舰的国家有8个，他们是英国、日本、美国、法国、德国、意大利、西班牙和俄罗斯。建成服役的各种类型的航空母舰总数，据统计为300余艘，分为舰队航空母舰、护航航空母舰、水上飞行母舰、直升机母舰、两栖攻击舰。目前，我国航母也在建造之中。

航空母舰以其迅猛发展之势，在20世纪的舰艇发展史上写下了璀璨夺目的篇章。

“尼米兹”号核动力航母

# 中国的航母

辽宁号航空母舰，简称“辽宁舰”，舷号16，是中国人民解放军海军第一艘可以搭载固定翼飞机的航空母舰。“辽宁舰”前身为苏联海军的库兹涅佐夫元帅级航空母舰2号舰瓦良格号航空母舰。20世纪80年代中后期，瓦良格号于乌克兰建造时遭逢苏联解体，建造工程因而中断，完成度为68%。1995年，瓦良格号从俄罗斯海军编制退出，送交乌克兰。1999年，中国购买了瓦良格号，于2003年3月4日抵达大连港。2005年4月26日，瓦良格号交付大连造船厂，开始由中国人民解放军更改安装及继续建造。2012年9月25日，瓦良格号更名为“辽宁”号，交付中国人民解放军海军使用。

## 航母简介

辽宁号航空母舰（PLAN Liaoning）是中国人民解放军海军第一艘可以搭载固定翼飞机的航空母舰，中国海军001型航空母舰的首舰。是在前苏联海军的库兹涅佐夫元帅级航空母舰第二艘，瓦良格号航空母舰（俄文：Варяг；英文：Varangian）的基础上发展而来的，在总体设计上沿袭了原来的设计特点，其舰型特点、尺寸、排水量、动力装置等都与库兹涅佐夫元帅级基本相同，在上层建筑、防空武器、电子设备、舰载机配备等方面均做了较大改进。

“辽宁”号航母由苏联时期尼古拉耶夫船厂（又称黑海造船厂）建造，到1991年11月，该舰的总体工程进度达到68%，后由中国大连造船厂完成后续建造。舰长 304 米，舰宽 70. 5 米，航母吃水深度 10. 5 米，标准排水量 57000 吨，满载排水量 67500 吨。从底层到甲板共有 10 层，甲板上的岛式建筑也有 9 层之多，分别是消防、医务、通信、雷达等部门和航母战斗群的司令部。

“辽宁”号以 4 台蒸汽轮机为动力，4 轴 4 桨双舵推进。航母由四台蒸气轮发动机驱动，总计 20 万马力，最高航速可高达 32 节，在航速 30 节时续航力为 4000 海里，在航速 20 节时续航力可达 12000 海里；舰上的电力系统可提供 14000 千瓦的电力，燃油储量为 7800 吨，航空汽油储量为 5800 吨。舰首使用滑跃式起飞甲板，舰艇中部设有 4 道飞机降落阻拦索及 1 道应急阻拦网。舰桥岛式建筑位于飞行甲板右侧，前后各有一台甲板/机库升降机。

辽宁舰的编制等级为正师级，编制员额 1，000 余人。首批舰员中，具有本科以上学历的军官达到 98% 以上，其中具有硕士和博士的有 50 余人。与其他国家的航空母舰一样，辽宁舰上有 5% 为女性人员。

由于“辽宁”号航母上载舰员人数众多，其各种生活配套设施也十分完备，设有餐厅、超市、邮局、洗衣房、健身房、垃圾处理站等，连酒吧都有闹吧和静吧两种，生活相对比较便利。还将根据实际需要，创造良好的工作生活环境，最大限度地保障官兵的生理和心理健康。

## 航母入列

于 2012 年 9 月 23 日下午 16 时许，辽宁号航空母舰在大连举行交船仪式，与相邻停泊的 88 号舰全部挂满旗。16 点 40 分，舰桥桅杆升起五星红旗，舰首升起八一军旗，舰尾升起海军旗，

17点20分，交船仪式完成。9月25日，我国第一艘航空母舰“辽宁舰”已按计划完成建造和试验试航工作，当天上午在中国船舶重工集团公司大连造船厂正式交付海军。中国首艘航空母舰“辽宁”号正式交接入列，舰长为张峥大校，政委为梅文大校。

## 航母舰长

新的舰长张峥来自海军东海舰队，曾任某支队副参谋长。与外界相传航母舰长必须有飞行经历不同，这位舰长的履历中没有这一项。

公开资料显示，这位舰长非常优秀，1969年出生在军人家庭，大学毕业后分配到海军东海舰队司令部，任助理工程师。随后在海军大连舰艇学院就读舰艇作战指挥专业，获硕士学位。

此后先后担任部门长、参谋、副舰长、舰长。

该舰长曾先后到英国国防语言学院和英国三军联合指挥与参谋学院深造。

## 舰载机型

关于中国舰载机型号，早先风传很多种可能，最有可能的一种是购买或者引进俄罗斯、乌克兰的舰载机以及相关技术，随着歼－15舰载机的图片在网上曝光，中国很可能是独立研发自己的舰载机，但是参考或者仿造部分国外先进技术，这也是中国目前所走的军事装备建设的基本步调。

目前中国沈阳飞机工业集团正在抓紧调试和完成歼－15舰载机的试验，并于2009年8月首飞，预计还需要几年时间才能定型，首批量产型歼－15列装时间不会早于2015年。有分析称，歼－15是在2005年从乌克兰购买的苏－33原型机T－10K

-3 基础上研制而成的。2011 年 2 月 9 日，俄罗斯军事工业综合体网站报道，中国目前已制造出了首架舰载战斗机歼-15 的原型机。该机仿制自俄海军航空兵现役苏-33 战斗机的原型机 T-10K。目前，全挂载起飞重量 30 吨、拥有 12 个外部挂架，最大载弹量 6500 公斤、最大作战半径 1500 公里的苏-33 型战机，是各型舰载机中唯一能与美海军 F/A-18E/F“超级大黄蜂”舰载战斗机相媲美的机型。且苏-33 型战机的原型机苏-27 生产线中国引进多年，并已经实现国产化，中国飞行员已经熟悉和掌握其训练规律。通过先期引进一批苏-33 型战机，完成配套训练，逐步消化吸收，实现舰载机国产化，似乎更为契合中国海军的需求。但在歼-15 舰载机正式列装之前，为了避免瓦良格号航母今后一段时间“裸奔”的尴尬，专家认为，中国可能在独立研发的舰载机还没服役之前用其它战斗机临时代替。

除了舰载战机，预警机也是航母上重要的组成部分。运-7 改装的预警机原本的呼声很高，但是瓦良格号缺少其必需的弹射器，因此几无可能选用。那么，在瓦良格号上装备自主研发的直-8 预警直升机可能性比较大。

同时美国多个战略问题网站刊文认为，中国海军可能装备了配有着舰钩的歼教-9“山鹰”高级教练机，用于训练航母舰载机飞行员。

据透露，中国目前已具备自主研制航母舰载机的能力，改装的航母训练舰可搭载约 30 架舰载歼击机和直升机，均为中国自主研制舰载歼击机，采用滑跃起飞，甲板跑道可满足飞机 300 米起降动作的要求。

歼-31 是沈阳飞机工业集团研制的第四代双发中型隐形战斗机，其采用双发、单座、固定斜垂尾、无鸭翼、加莱特进气道。目前猜测主要用途有三种：一是与歼－20形成高低配；二是出口型号；三是用做舰载机。

“辽宁号”号航母滑跃甲板与俄罗斯现役航母库兹涅佐夫号滑跃甲板几何参数相近，但是参照库兹涅佐夫号实际运用经验，将滑行甲板角度由12度增至14度。这对中方研究苏联航母设计经验，探索解决舰载机航母水平起降这一难题的途径，是个不错的参照物。另外，相较美国航母舰载机先进却复杂的弹射起飞方式，苏联航母的滑跃起飞技术简单实用，其技术研发成本和风险控制成本相对较低，这是“瓦良格”号在建造与中方改造过程中考虑的一大因素。

从长远来看，单纯用滑跃起飞能较快地解决中国有无航母的问题，但很快就会遇到种种限制，最后陷入技术上的尴尬。中国对蒸汽弹射并无经验，各种技术问题要解决起来技术风险一点不比电磁弹射小，现在从头研制蒸汽弹射的话，费时费力，还不能和滑跃起飞相结合以取长补短。而电磁弹射既保证长远的技术潜力，也容易尽快形成战斗力。所以，滑跃起飞加电磁弹射可能是中国未来航母可能采用的技术方案。

## 航母舰队

如果未来航母进入中国海军服役，也需组建完整的航母战斗群。中国现有舰艇，防空舰只可以使用052C型驱逐舰或其改型，反潜可使用054系列护卫舰，还应配置核潜艇作为水下尖兵用于警戒、对付敌方舰艇特别是敌核潜艇。设想为2艘052C防空驱逐舰，4艘054A反潜护卫舰，1艘核潜艇，1艘综合补给船。从中国海军的新驱和新护的设计思路看，它们已明显摆脱了苏式舰艇的风格，而更多地靠近美国，这本身也是我们为建造航母所做的准备。最先进的052C驱逐舰应该说就是为了给航母护航而设计的，因为近海防御根本就用不了这么大的军舰。052C 是中国首型能应付高强度空中威胁的防空舰艇，它的出现证明了中国舰艇科技挑战西方顶尖水平已经成为可能，使中国海军在面对潜在对手时，至少在个体部分拥有技术优势。尽管 052C 的排水量、垂直发射单元偏少，持续火力不足，与美国的宙斯盾舰存有明显差距，但是中国在 052C 之后的一些更成熟技术，很可能已经应用到了正在建造的第二批次中华神盾舰上，随着第二批次中华神盾舰的开工，相信在一定程度上会弥补 052C 的不足之处。因此，052C 定会在未来中国航母编队中担任主力防空舰的角色。

新列装的 054A 护卫舰使用了更为先进的导弹标准化模块，该舰上的垂直发射系统（VLS）是综合多年来的相关技术，研制出的一款新型的热发射型舰载导弹垂直发射系统。配合其装备的 4 个“MR90”照射雷达，不管是探测距离，目标追踪锁定，还是反应速度等都比之前的系统有很大改进。快速发射能力和开阔的射击角度，将会有效地配合 052C 作战，也会使“神盾”系统有质的提高。在反潜作战方面，054A 装备的反潜装备也是目前国产舰艇中最齐全的，主要包括反潜火箭发射器、反潜导弹、反潜鱼雷、反潜直升机及相关探潜设备，这些使 054A 具备了成为专业反潜舰的潜力。因此，在未来的航母编队中 054A 很可能会以类似于美国航母编队中的佩里级与斯普鲁恩斯级的混合体出现在其编队中，扮演中近程防空与反潜的角色。

综合来看，以“瓦良格”号为核心的航母战斗群，综合作战能力将会出现质的飞跃。它的主要活动范围应该是处于第一至第二岛链之间，进可攻，退可守，将能对本国利益区进行有效保护，同时对周边国家和地区产生一定程度的威慑作用。

# 美国的航母

作为世界超级大国，美国的海军力量有目共睹。美国海军现有2型3级共12艘大型航空母舰，其中包括“小鹰”级常规动力航母3艘、“企业”级核动力航母1艘、“尼米兹”级核动力航母10艘。其中，除“星座”号和“华盛顿”号母港设在海外的日本横须贺海军基地外，其余10艘的母港均设在美国本土的5大航空母舰基地。

美国拥有庞大的海军力量和为数众多的航空母舰战斗群，美国现役航母分别编在太平洋舰队和大西洋舰队里。美国航空

“里根”号航母

母舰“乔治·布什”号、“尼米兹”号、“艾森豪威尔”号、“罗斯福”号、“杜鲁门”号、“企业”号和“肯尼迪”号共7艘航空母舰被编入大西洋舰队。它们是以美国本土东部海岸的诺福克海军基地为母港，主要活动于大西洋、北冰洋、加勒比海和地中海等地。另外，属于太平洋舰队的“斯坦尼斯”号航母以美国本土西海岸的圣迭戈海军基地为母港，编入太平洋舰队的“里根”号航母也常驻那里。“卡尔·文森”号和“林肯”号分别以美国西海岸的布雷默顿港、埃弗拉德为母港。“华盛顿”号、“星座”号两艘航母则以日本的横须贺基地为母港。太平洋舰队的航空母舰以其驻泊的母港为中心，经常在太平洋和印度洋海域活动。美国航空母舰中最特殊的要属太平洋第七舰队的“华盛顿”号航母了，它在目前美国所拥有的众多航空母舰中也最受世人关注。“华盛顿”号是接替“小鹰”号航母成为美国第七舰队主力舰的，它经常游弋于中国和朝鲜外沿海域，以日本的横须贺为基地。目前，横须贺基地是美国海军在西太平洋地区最大的综合性基地和最大的舰船维修基地，也是

“尼米兹”号核动力航母

太平洋美军在远东的主要战略集结地和出发地。

美海军规定，和平时期，每艘航母一个标准的训练、执勤和休整周期为18个月，并各占1/3时间。因此，正常情况下，根据美海军现役航空母舰的编制，一般都会有1/3在海湾地区、西太平洋、地中海等海外前沿地区执勤或担负作战任务，1/3进行海上训练，另有1/3在港内休整或进厂维修保养。当然，战争时他们的训练、休整和维修周期会缩短，能执行作战任务的航空母舰也将比平时增加0.5~1倍左右，可能会集结6~8艘航空母舰投入作战。

## “小鹰”号航母

“小鹰”号是常规动力航母。该舰为“小鹰”级首舰，1961年4月服役，常驻西太平洋执勤。“小鹰”号标准排水量为6.01万吨，舰长323.6米；飞行甲板长318.8米，宽76.8米；动力装置为8座锅炉、4台蒸汽轮机，28万马力。它的航速32节，可搭载各型飞机80~90架，编制5480人。

“小鹰”号原是作为重型攻击航空母舰设计建造的，1973年改装为多用途航母。1987年至1991年进行了大规模的现代化改装，服役期延长15年，同时满载排水量增至83960吨。“小鹰”号服役后一直在太平洋舰队，长期以圣迭戈海军基地为母港。它也参加过越战，多次前往西太平洋和海湾执勤。1998年7月接替退役的“独立”号航母，部署至日本横须贺、西太平洋。目前，该舰由美海军第7舰队第5航母大队司令指挥，搭载第5舰载航空联队；装备各型舰载机76架，包括型号为F-14的战斗机14架、型号为F/A-18的战斗攻击机36架、型号为EA-6B电子战机和型号为E-2C的预警机各4架、S-3B反潜机8架、SH-60F反潜直升机6架、HH-60H救援直升机和ES－3电子侦察机各2架。CV－63“小鹰”号航母已于2008年退役。

## “乔治·布什”号航母

美国自2001年起由诺斯洛普·格拉门下属的弗吉尼亚州新港纽斯造船厂负责建造“乔治·布什”号航母。该航母2008年加入美国海军编队服役。“乔治·布什”号航空母舰成为美国海军第77艘航母，也是“尼米兹”级第10艘航母，同时也是最后一艘“尼米兹”级航母。该航母全长332米，船体吃水线以上大约有20层楼高，能运载将近6000名水兵和海军陆战队员。它的最大航速为30节，满载排水量超过10万吨，最多可搭载100架战机，造价62亿美元。“尼米兹”级航母是当今世界上最大的军舰，也是最先进的航母。“乔治·布什”号属于向新型航母过渡的航母，由于建造较晚，它使用了更加先进的技术，现代化程度也就更高。在动力上，舰上两个核反应堆可

“乔治·布什”号航空舰

供军舰连续工作20年而不用添加燃料。在自身防护方面，无论是水下防护还是对反舰导弹的防护，它都更加重视，包括两舷、舰底、机库甲板都是双层船体结构，舰内有数十道水密横舱壁，水下部分有增厚甲板、多层防雷隔舱。在攻击力方面，它最多可搭载近100架飞机，并拥有多座对空导弹发射系统和近防炮。

提起“乔治·布什”号，就不得不提起一个人，这个人就是乔治·赫伯特·沃克·布什——美国第41任总统，一个与航母有着很多故事的总统。

乔治·赫伯特·沃克·布什是美国前任总统乔治·沃克·布什的父亲。因为父子两人都曾担任过美国总统，为了把他们区别开来，人们将父亲称为老布什，将儿子称为小布什。老布什生于马萨诸塞州，他的父亲普雷斯科特·布什是华尔街银行家、参议员。老布什从小就受到良好的教育。他在耶鲁大学毕业前就参加了空军，“二战”中表现英勇，被授予荣誉勋章。大学毕业后，老布什曾就职于石油部门。1964年，老布什在得克萨斯州参议员竞选中失败。但他于 1966 年竞选国会众议员成功，1970 年后被尼克松总统任命为驻联合国代表。此后，他一直为政府工作，1972 年任共和党全国委员会主席，1974 年任驻中国联络处主任，1975 年任中央情报局局长。1979 年，老布什被共和党提名为副总统候选人，并在竞选中获胜；1984 年老布什获得连任。1988 年，老布什竞选总统成功。老布什执政后，内政平平，但外交十分活跃。他提出“超越遏制”战略。在老布什任期内，东欧剧变，苏联解体，世界格局发生了根本性变化。老布什提出“新大西洋主义”，调整与盟国关系。1991 年，发动海湾战争。老布什以此为契机，提出了建立“世界新秩序”的主张。1992 年，由于老布什就任总统期间侧重于外交和军事，而对经济不够热衷，导致了他在谋求连任时被克林顿击败。

老布什是美国第 41 任总统，同时也是第二次世界大战时美国海军的鱼雷轰炸机飞行员（服役期间为 1942 年 8 月至 1945 年 9 月）。老布什在满 18 岁的生日当天加入了美国海军，并且在尚未年满 19 岁时就正式被授予任务成为真正的海军飞行员。他被派驻到“圣哈辛托号”航空母舰，成为当时最年轻的海军飞行员之一。在 1944 年日本小笠原群岛的海战中，老布什驾机在父岛附近被日军炮火击落，但幸运的是他被救起。因此，老布什可说是全世界第一位曾真正在航空母舰上服役过、用航母命名的提名人，也是少数在航母服役过仍健在的美国人之一。

## “星座”号航母

“星座”号是“小鹰”级航母的第 2 艘，1961 年 10 月 27 日加入太平洋舰队服役，性能与“小鹰”号一样。

“星座”号、“小鹰”号和“美国”号航空母舰，为“小

“星座”号是“小鹰”级航母

鹰”级的第三代。和前两代相比，“小鹰”级第三代的排水量和尺度较大，舱室布局、桥楼的形状和位置、飞行甲板和机库也有所不同。封闭式球艏，微凸式方艉；斜角飞行甲板长约220米，下方有翅托支撑；桥楼尺度较小，靠近艉部（这是“小鹰”级各舰的不同之处）。与“小鹰”相比，它的动力装置也更加靠近艉部，轴线因而较短，整体结构更为合理，可为机库和飞机维修车间提供更多空间。它的烟囱小而直，横截面呈长方形。舰体分成1200个水密舱，安全性比较好。另外，它的各要害部位均有装甲。

1964年8月4日，美军挑起北部湾事件后，“星座”号航母便于次日出动舰载机轰炸北越。它是美军发动全面侵越战争后第一艘参战的攻击航母。此后，“星座”号于1975年改装为多用途航母，1990年至1993年完成了延长服役期的改装。该舰上搭载第2舰载航空联队，装备各型舰载机76架，通常有2艘导弹巡洋舰、3艘驱逐舰、1艘导弹护卫舰、2艘核潜艇和1艘快速战斗补给舰担负护航任务。

## “肯尼迪”号航母

“肯尼迪”号是“大鹰级”航母的第4艘，属于“小鹰”系列航母的改进型，也是美国建造的最后的一艘常规动力航空母舰。它的母港设在美国东海岸佛罗里达州的海波特海军基地。该舰于1964年至1967年由纽波特纽斯船厂建造，最初计划设计成核动力，后来出于价格因素方面的考虑而被取消。“肯尼迪”号于1968年9月正式加入大西洋舰队服役。与前3艘同级舰相比，“肯尼迪”号的机库和飞行甲板布置有所改进，结构也更趋合理。该舰曾参加了对古巴的海上封锁，并于1990年9月14日至1991年3月12日连续6个月部署在波斯湾，是参加海湾战争时间最长的美国航母。1993年至1995年，“肯尼迪”号进行了延长服役期改装；之后转入海军后备队，担任训练航母任务；2000年，其又回到大西洋舰队，转为现役航母。现在，“肯尼迪”号是美国海军唯一一艘训练航母，主要用于训练航母舰载机飞行员；同时也可以进行现役部署，执行作战任务；计划2018年退役，届时将有50年的服役史。

“肯尼迪”号航空母舰以美国第35任总统肯尼迪的名字命名。1967年5月，肯尼迪9岁的女儿卡罗莱娜参加了命名仪式并剪彩。

## “企业”号航母

1960年9月24日，一个普通星期六的早晨，在美国弗吉尼亚州波特纽斯造船内军乐声声，大批的美国军政要人和工业巨子云集于此。随着前海军部长夫人威廉·弗兰克太太将一瓶香槟酒摔向新军舰的舰首，这艘庞大的军舰从船台上缓缓滑入水中。人群中顿时发出欢呼声和掌声，大家共同为世界上第一艘核动力航母“企业”号在美国问世而感到欢欣鼓舞。

“企业”号航空母舰是在“小鹰”级舰体的基础上改建而成的第一艘核动力航空母舰。该舰是继“鹦鹉螺”导弹核潜艇之后的第二艘核动力军舰，也曾是世界上航行最快的航空母舰。

"企业"号航母舷侧有4部飞机升降机，岛前两部，岛后每舷各有一部。载航空燃油8500吨，可供舰载机12天持续飞行作战使用。这一数字低于"尼米兹"级航母，但比常规航母大许多。舰上一般搭载飞机80架，其中固定翼飞机70架左右，主要包括14架F-14"雄猫"战斗机、36架F/A-18E/F"大黄蜂"战斗攻击机、2架ES-3A"幻影"反潜机、6架S-3B"海盗"反潜机、4架EA-6B"徘徊者"电子战飞机、4架E-2C"鹰眼"预警机；另外，还有4架SH-60F和2架HH-60H"海鹰"直升机。该舰标准排水量为73570吨，满载排水量93970吨；全舰长342．5米，飞行甲板宽76．88米：由8台A2W型核反应堆为4台齿轮传动式汽轮机提供蒸汽，航速33节，更换一次核燃料可连续航行20万海里。

"企业"号是第一艘核动力航空母舰，也是美国历史上第8艘使用"企业"号这一名字的船只，同时还是美国海军、乃至世界第一艘使用核反应堆作为动力的多用途航空母舰。该航母1958年至1960年建造，当时造价为4．5亿美元。1961年11月开始加入大西洋舰队服役。1965年至1990年部署在太平洋舰队，1990年至1994年进行为期4年的更换核燃料和现代化改装，之后加入大西洋舰队。目前母港设在弗吉尼亚州美国最大的海军基地诺福克。

1964 年 8 月至 10 月，“企业”号航母在核动力导弹巡洋舰“长滩”号和“班布里奇”号的护航下，组成世界上第一支全核动力特混舰队，进行了史无前例的环球航行。途中没有进行加油和再补给，历时 65 天，总航程 30216 海里，充分显示了核动力的巨大巡航力。该舰保持了 14 年的“世界第一战舰”的美誉，直到 1975 年美国“尼米兹”级首舰服役。它对美国第二代核动力航母“尼米兹”级的设计建造产生了重要影响。

“企业”号的自卫武器虽然看上去十分简单，但这是建立在舰载机和护卫舰艇提供的严密保护的基础之上的。敌方来袭兵力必须首先突破这两层障碍，才能有机会面对航母，也只有在这个时候，航母上的自卫武器才能作为最后一道防线提供保护。“企业”号 1961 年服役后编在大西洋舰队，1962 年 6 月在美东海岸和地中海区域活动。由于它的高续航力和环球航行能力，1965 年 11 月将其调入太平洋和印度洋活动，并直接参加了侵越战争，成为第一艘参与战争的核动力航母。

最初，“企业”号是计划在美海军新型航空母舰“福特”号2015年服役后再退役的。但随着飞机武备的改变，可以携带智能炸弹和瞄准吊舱，使得美国海军相信即使“企业”号提前退役，剩余的现役航母也能够完成任务。拉夫黑德表示，“企业”号航母还会最后进行一次作战部署，然后便准备退役。到目前为止，美国海军已经有好几艘核动力水面舰艇退役，包括20世纪90年代的9艘核动力巡洋舰。它们的退役都是因为其运行及升级费用过于昂贵。

## “尼米兹”号航母

“尼米兹”号航空母舰是继“企业”号之后的第二艘核动力超级航空母舰。它是以二战时期美国海军太平洋舰队司令尼米兹上将命名的，是目前世界上最大的一级航空母舰“尼米兹”级的首制舰。该舰由美国纽波特纽斯造船公司建造，1968年动工，1972年试水，1975年5月加入大西洋舰队服役，1987年转入太平洋舰队。其母港设在布雷默顿。1998年3月进入位于诺福克的纽波特纽斯造船厂进行历时3年的大修。“尼米兹”号标准排水量为74042吨，满载排水量为91487吨，总长333米。它的飞行甲板宽76.8米，由2座A4W型压水式核反应堆提供动力，航速最高可达30节以上。它更换一次核燃料可连续运行13

“尼米兹”号航空母舰

年，续航力为80万~100万海里，可载各型舰载机90~100架，舰员编制5930人，服役时间可长达50年。1997年9月5日至1998年2月28日，“尼米兹”号搭载第9舰载航空联队，从美国西海岸的圣迭戈出发，横跨太平洋和印度洋，在炎热的波斯湾执勤3个月，参加了对伊拉克的空袭作战：然后又穿越红海、苏伊士运河、地中海和大西洋，抵达美国东海岸的梅波特海军基地，在175天内环球航行一周。

另外，“尼米兹”号航空母舰自身也有强大的防卫体系，包括导弹、火炮、电子对抗系统、“海麻雀”导弹发射装置。由雷达导航的“海麻雀”导弹属短—中程导弹，可攻击飞机和截击敌方的巡航导弹。它的近程火炮系统有自动搜索和瞄准雷达，20毫米近程火炮系统每分钟能发射3000发以上炮弹，能有效地防御敌方飞机和导弹的近程攻击。

## “艾森豪威尔”号航母

“艾森豪威尔”号航空母舰是美国“尼米兹”级核动力航空母舰里的二号舰，舰名取自美国第34届总统德怀特·艾森豪

"艾森豪威尔"号航空母舰和它的护卫舰

威尔。"艾森豪威尔"号于1970年开始动工建造，1975年下水，1977年开始服役。该航母造价为20亿美元。"艾森豪威尔"号航空母舰的飞机起飞速度很高，飞行甲板上装有4座供飞机起飞用的蒸汽弹射器，弹射率为每20秒钟一架，7~8分钟即可起飞一个飞行中队。每天能出动200多架次飞机，执行远距离攻击任务。"艾森豪威尔"号采用核动力，因而比其他大型常规动力航空母舰具有更大的战斗效能和威慑力。

"艾森豪威尔"号航空母舰

“艾森豪威尔”号美中不足的是单舰自卫能力较弱，要依靠编队中的其他战舰护航。舰上武器装备主要有3座八联装“海麻雀”中程对空导弹发射装置和3座口径为20毫米6管的“火神—密集阵”近程武器系统。为提高防护能力，“艾森豪威尔号”采用了许多先进的技术。其飞行甲板是封闭式的，机库甲板以下的船体是整体的水密结构。双层船体采用高强度钢，中间层是水箱和泡沫灭火设备。这种结构能在舰体严重受损的情况下对全舰起保护作用。全舰设有23道水密横舱壁和十道防火舱壁，将全舰分为2000个隔舱，安全设备十分先进。

## “罗斯福”号航母

“罗斯福”号航空母舰是美国“尼米兹”级核动力航空母舰的四号舰，以美国第26任总统西奥多·罗斯福命名。“罗斯福”号航空母舰于1981年开始建造，1984年正式下水。“罗斯福”号航空母舰虽然列属于“尼米兹”级航空母舰，但由于在它之前已经积累了一些“尼米兹”级航空母舰的建造经验，所以“罗斯福”号航空母舰在建造时，在其性能和规格上都有了大幅度的提升，排水量有所增加，满载排水量增至97574吨。因此，常常也有人称呼这艘新舰为“罗斯福”级核动力航空母舰。

“罗斯福”号航母

该舰与西奥多·罗斯

福一样富有“进攻性”。该舰曾参加海湾战争，1999 年又参加了科索沃战争，在同级舰中实战经验最为丰富。目前搭载第 8 舰载航空联队，装备各型舰载机 80 架，并由 2 艘巡洋舰、4 艘驱逐舰、2 艘核潜艇和 1 艘快速战斗支援舰担负护航任务。

“罗斯福”号航空母舰上有自己的电视台、大洗衣房，设备先进的医院、牙科诊室，若干个大厨房、快餐店、健身房，还有一家银行。它有自己的消防队、警察局和禁闭室，有教士，也有图书馆、邮局、理发店、超市和非常先进的核电站。

## “林肯”号航母

“林肯”号航空母舰属第 5 艘“尼米兹”级核动力航母。它是以美国的第 16 任总统亚伯拉罕·林肯的名字命名的。“林肯”号于 1984 年 11 月开工建造，1988 年 2 月下水，1989 年 10 月建成服役。在建造过程中。该舰继承了前 4 艘航空母舰的优点，并在技术性能上作了进一步的改进，使其更加现代化。“林肯”号航空母舰总长为332．9米，水线长为317米，舰宽为40．8米，满载排水量达10．2万吨，吃水为11．9米。其吨位不仅远超过常规重型航空母舰，而且与已建成的前3艘“尼米兹”级核动力航母的满载排水量相比，也要大好多。

航空母舰通常被称为“海上活动机场”，主要用于搭载作战飞机。“林肯”号航空母舰沿用了美国传统的大甲板航母的基本舰型及结构，即全舰采用封闭式飞行甲板。舰面甲板宽阔而平坦，由斜角甲板和直通甲板组成的整个飞行甲板包括舰区、起飞区和停机区三大部分，面积达1．8万平方米。其中，斜角甲板为着舰区，布置在左舷，长为237．7米。其斜度与航空母舰中心线的夹角约为12度。“林肯”号飞行甲板上设有4部长94．3米的高性能、大能量C13－2型蒸汽弹射器。它们以舰上主锅炉产生的蒸汽为动力，具有极大的加速度和“力气”，能够将目前最重的舰载机弹射出去。每部弹射器20秒钟可弹射一架飞机，比一般航空母舰缩短10秒。4部弹射器同时使用时，可在1分钟内将8架飞机送上天空。飞机的着舰间隔为35秒至40秒。另有4部舷侧升降机，左舷1部，右舷3部。升降机用铝镁合金制造，每部重105吨；尺寸为长23．5米，

“林肯”号航空母舰

宽15．9米，面积374平方米，垂直行程为11米，具有在1分钟内升降1架重型飞机的能力。

“林肯”号的建造合约在1982年12月27日由新港纽斯造船公司取得，并于1984年11月3日安放龙骨。它在1988年2月13日下水，并在1989年11月11日进入服役状态。

1990年9月，“林肯”号移动到太平洋。它在西太平洋的首次部署就遇上了1991年5月28日爆发的海湾战争，“林肯”号随即出发前往波斯湾。

当“林肯”号前向印度洋时，碰上当时菲律宾吕宋岛上的品纳土玻火山爆发。“林肯”号与其他23艘军舰一同参与了撤离任务，从苏比克湾海军基地撤离超过45000人至宿务岛的港口。这是有史以来最大的一次在和平时期的军事撤离任务。

完成撤离任务后，“林肯”号继续前往波斯湾。在那里，“林肯”号进行事先的侦查任务和战斗空中巡逻任务，以协助美军和其他盟国部队参与海湾战争。

1993年4月28日，“林肯”号成了有史以来第一艘接纳女性飞行员的航空母舰。

1999年，“林肯”号参与了几次美国海军的内部演习。接着，再次前往波斯湾协助南方守望任务。

当“9·11”恐怖袭击事件发生时，“林肯”号正待在港口里。2002年7月20日，“林肯”号前往支援“恒久自由行动”，并再一次支援了南方守望任务。之后，“林肯”号前往拜访了澳大利亚的珀斯，在那里“林肯”号接到命令前往波斯湾参加伊拉克战争。

在伊拉克战争中，“林肯”号的机队和其战斗群一同参与了最初对伊拉克的轰炸行动和空袭。

“林肯”号在2004年10月15日再次出海。当2004年印度洋大地震发生时，“林肯”号正停留在香港，为了协助正在进行的国际性救济和救援行动，“林肯”号前往受灾严重的苏门答腊西海岸以提供人道主义救援。

## “华盛顿”号航母

“华盛顿”号航空母舰性能与“林肯”号一样。它于1992年服役，部署在大西洋舰队。目前，它隶属于第2巡洋舰驱逐舰大队。“华盛顿”号搭载第17舰载航空联队，装备各型飞机78架，由导弹巡洋舰“诺曼底”号、驱逐舰“布里斯科”号和“加农”号、护卫舰“辛普森”号、核潜艇“安纳波利斯”号和“阿尔巴尼”号、快速战斗支援舰“供应”号担负护航。

“华盛顿”号航母

“华盛顿”号航空母舰是美国“尼米兹”级核动力航空母舰的六号舰。它以美国开国总统、美国国父的名字乔治·华盛顿命名，因而也颇有些与众不同的“领袖风范”。

## “斯坦尼斯”号航母

“斯坦尼斯”号航母是“尼米兹”级的第7艘。它的命名是为了纪念为美国海军发展作出过重大贡献的参议员约翰·斯

"斯坦尼斯"号航母

坦尼斯。"斯坦尼斯"号于 1995 年 12 月服役，是实现网络化的现代航空母舰。它的核动力装置得到进一步改进，一次加注核燃料可连续运行 23 年、因此在 45～50 年的服役期内只需要换一次核燃料。该舰先部署在大西洋舰队，1998 年 8 月转入太平洋舰队，母港也由梅波特移至圣迭戈海军基地。"斯坦尼斯"号全长 317 米，宽 40．8 米，吃水 11．9 米，标准排水量 79973 吨，满载排水量 10550 吨，载航空燃油 9000 吨。它的飞行甲板长 332．9 米，宽 77．8 米，面积超过了 3 个足球场。舰内从机库甲板以上分为 9 层，其中 5 层在岛式上层建筑内，机库甲板以下除双层甲板外又分为 8 层。整个舰从龙骨到桅顶高为 76 米，相当于 20 层的高楼。

“斯坦尼斯”号航母是目前世界上最大的和“生命力最强”的水面舰艇，可以说是“尼米兹”家族中的佼佼者。它能执行攻击和反潜等多项任务，在美军20世纪末的一系列军事活动中显得非常活跃。但是，“斯坦尼斯”号也有缺点，它总是“花钱如流水”，所以也遭到不少非议。“斯坦尼斯”号航母战斗群的全部采购费高达150亿美元，从其开始建造到最后退役，共需经费约330亿美元，其中还不包括航空母舰的现代化改装和报废等花费。

## “杜鲁门”号航母

“杜鲁门”号航母既是在美国海军20世纪最后服役的一艘超级航母，又是美国海军跨入21世纪的第一艘超级航母。1993年开始建造，造价高达45亿美元。它于1996年下水，是世界上最新造的几艘超大型作战用舰船之一。“杜鲁门”号航母先后历经10年才正式服役，可谓“十年磨一剑”。“杜鲁门”号是以美国第33任总统哈瑞·杜鲁门命名的。该舰于1998年7月编入美大西洋舰队服役，母港设在诺福克海军基地。

“杜鲁门”号航母

与同级其他航母相比，“杜鲁门”号航母进行了很大的技术改进。它主要采用了一些信息技术革命的成果，如大面积使用光纤电缆，提高了数据传输速率；设置了 IT－21 非保密型局域网，将计算机、打印机、复印机、作战兵力战术训练系统，舰艇图片再处理装置、数字化综合印刷厂及综合数据库等连为一体，实现了无纸化办公，提高了信息处理能力；增设了保密战术简报室，舰员配备了数字式身份卡，还为舰载机起降配备了综合电视监控系统。此外，舰艇总体也进行了部分改进，如提高了干舷的安全性能，采用了固体废品和有害废品处理装置，舰员使用的床铺全部采用轻型模块化设备，还专门为女舰员配备了海上专用生活设施。

## 俄罗斯的航母

在世界处于两极格局的时代，苏联曾经拥有过全球排名第二的强大海军，并与美国海军在世界各大洋展开激烈竞争。但

俄罗斯的航空母舰

是，在航空母舰这一项上，苏联却与美国有着很大差距。这一差距，一直没有很好地弥补上，直到今天，继承了苏联强大海军的俄罗斯看来也无法在短时间内拥有可与美国匹敌的航空母舰。

与美国海军相比，俄罗斯的航母发展可以说是起步晚、发展慢、水平低。直到1967年，苏联才出现了“莫斯科”级直升机母舰。但“莫斯科”级直升机舰母是个四不像的家伙，无法称为航母。又经过几年努力，苏联在20世纪70年代中期终于拥有了可以使用垂直起降飞机的“基辅”级“战术航空巡洋舰”，这才算是初步走上了发展航空母舰的正路。

下面就简单地介绍一下俄罗斯的航母。

## “基辅”号航母

“基辅”号航母是当时的苏联“基辅”级航母的首制舰。它于1970年7月21日在尼古拉耶夫船厂开工，1972年12月27日下水，1975年1月3日服役。尽管“基辅”号在服役期间都没有参加过任何战役，但它在服役期间曾出访印度、朝鲜和阿尔及利亚等国，被喻为“水晶理想”“国家名片”，一度成为苏

退役后在天津港展出的“基辅”号航空母舰

联海军的象征。

从历史上看，“基辅”号是计划经济巨大优越性发挥的产物。它不仅是航母，而且具备进攻体系，可以单兵作战。这种经济的设计也反映了当时的苏联在贫困的境况中与西方抗衡的以一敌众的实际考虑。

“基辅”号于1994年提前退役，2000年，被作为废金属拍卖。对于“基辅”号的命运，俄罗斯国内一片唏嘘。

2000年8月，在美国、印度等9个买家中，中方竞买成功，将“基辅”号拖至山海关船舶重工有限责任公司修复原貌，使之变身成和平与生态的公众乐园。

## “明斯克”号航母

“明斯克”号航空母舰于1972年12月在黑海造船厂开工建造。该航母以白俄罗斯著名城市明斯克命名。“明斯克”号于1978年9月8日服役，是太平洋舰队主力舰、旗舰，是第二代“基辅”级的第二艘现代化巨舰，集航母和巡洋舰的功能于一身。1994年，正当“盛年”的“明斯克”号提前退役，锚泊军港。

“明斯克”号总排水量4．2万吨，相当于可承载四吨重汽

“明斯克”号航空母舰

"明斯克"号航空母舰

车一万辆；功率10.2万千瓦，相当于可提供人口40万的中等城市的电力照明量。它有动力锅炉8台、蒸汽轮机4台，推动功率达14.9千瓦，最大航速每小时58.4千米，相当于普通轮船的3倍；吃水10米，续航力1.3万海里。

1995年10月22日，"明斯克"号与"诺沃罗西斯克"号被几条拖船牵出符拉迪沃斯托克，许多俄罗斯水兵流下了伤心的眼泪。虽然俄罗斯在交付之初便将武器和电子系统拆除或者炸毁，但遗留的技术思路仍让韩、美惊喜异常。在俄罗斯的一再催促下，"诺沃罗西斯克"号航母在韩国人的焊枪下变成废铁。但是，韩国却试图让"明斯克"号起死回生，提前实现自己的"航母梦"。天有不测风云，1997年，亚洲金融风暴一下子把亚洲四小龙变成四小虫，"明斯克"号也顿时变成韩国的累赘。听说中国有家公司想购买，韩国便马上同意以530万美元廉价脱手。1998年9月"明斯克"号来到广东东莞沙田港，1999年8月，拖至广州文冲船厂，进行封闭式大规模修整与改造。"明斯克"号整修一新，于2000年5月9日驶入深圳大鹏湾，成为目前世界上少数由4万吨级航母改造而成的大型军事主题公园。

## “新罗西斯克”号航母

“新罗西斯克”号是“基辅”级的第三艘舰，它于1982年8月开始服役。

“新罗西斯克”号舰长273米，宽32.7米，飞行甲板宽47.2米，吃水10米，满载排水量3.71万吨，航速32节。可载雅克-36垂直起降飞机和卡-25反潜直升机32架。主要装备有双联SS-N-2舰导弹装置4座，双联SA-N-3、SA-N-4舰对空导弹装置各两座，双联76毫米炮2座，30毫米炮8座，五联5-33毫米鱼雷装置2座。

## “戈尔什科夫”号航母

“戈尔什科夫”号航空母舰原名“巴库”号，是“基辅”级航空母舰的第四艘舰。它与“基辅”级前3艘有很大不同。该舰运用了许多最新技术。因此，从某种意义上来说，“戈尔什科夫”号航母也算一种新级别的航空母舰。

“戈尔什科夫”号航空母舰

“戈尔什科夫”号航空母舰的改进

之处十分明显，其在岛式上层建筑的前、后、左、右四壁上安装了4块约5米见方的相控阵雷达天线，并以一定的角度向上斜置。这种雷达4个天线阵面可实现360度全空域监视，搜索目标的速度极快，能够同时跟踪几十个甚至上百个目标，它足以对付敌方大量反舰导弹的“饱和攻击”

## “库兹涅佐夫”号航母

“库兹涅佐夫”号航空母舰是苏联在尼古拉耶夫船厂开工建造的第一艘大型航空母舰。“库兹涅佐夫”号航空母舰1985年12月5日下水，1991年1月21日正式服役。有意思的是，该舰在建造中先后有过几个名字：“克里姆林宫”号、“勃列日涅夫”号和“第比利斯”号。由于政治风云变幻无穷，该舰最后被定名为“库兹涅佐夫”号。

俄罗斯航母的发展可谓历尽沧桑。在经过“莫斯科”和“基辅”两代“准航母”之后，俄罗斯动用了800多个行业的专家和大约7000多个工厂，最终建成了“库兹涅佐夫”号，圆了拥有大型航母的梦想。不幸的是，在千辛万苦地催生出“库兹涅佐夫”号之后，俄罗斯再也没有经济能力来建造更多的

“库兹涅佐夫”号航空母舰

大型航母。

## 英国的航母

英国是航空母舰的发祥地之一，并且它的航母在“二战”中有着很出色的表现。战后的英国，国力日衰，再也无力建造像美国那样的大型核动力航母。但是，相信航母实力的皇家海军又不想放弃这个海战法宝，万般无奈之下的皇家海军只好采取了折中之策：用所谓的“全通甲板巡洋舰”来代替传统的舰队型航母，这就是后来的“无敌”级轻型航母。

“无敌”级全长206.6米，宽27.7米，标准排水量1.6万吨，满载排水量2.03万吨。主机为4台“奥林普斯”TM－3B型燃汽轮机（这是世界上首次将燃汽轮机作为航母主机），总功率1.12万马力。双轴双桨，最大航速28节，18节时续航力7000海里。全舰人员编制1051名，其中舰员685人、航空人员366人。其建成时的标准载机为8架“海鹞”式垂直起降战斗机和12架“海王”直升机。现在“无敌”级轻

“无敌”号航空母舰

型航母共有 3 艘，即“无敌”号、“光辉”号和“皇家方舟”号。

“无敌”级最大的特点是应用了“滑跃”跑道。这种跑道是由皇家海军中校道格拉斯·泰勒创造的。所谓的滑跃起飞，指的是将飞行跑道前端约 27 米长的一段做成平缓曲面，向舰首上翘。“无敌”号和“光辉”号的上翘角度为 7 度，“皇家方舟”号为 12 度。“海鹞”舰载机通过滑跃甲板起飞，在滑跑距离不变的情况下可使飞机载重增加 20%；载重量不变的情况下可使滑跑距离减少 60%。这一起飞方式后来被各国的轻型航母普遍采用。

## 法国的航母

法国海军“克莱蒙梭”级航空母舰是法国独立建造的第一级航母，同级两艘，分别于 1955 和 1957 年动工，1961 年和 1963 年服役。该舰满载排水量 32800 吨，载机 40 架，不含航空联队其人员编制为 1338 人。自 20 世纪 60 年代初服役以来，该级舰已经历过数次改装。1978 和 1980 年，两舰分别进厂改装 13 个月，以携载“超军旗”攻击机和战术核武器。1985 年，“克莱蒙梭”号再次大修并改装，更换了力量更大的升降机和弹射器、先进的武器系统以及用“海响尾蛇”防空导弹取代了 100 毫米炮。按计划，“克莱蒙梭”号在 1995 年“戴高乐”号核动力航母服役时退出现役，“福熙”号于 1998 年退役。

法国现役的航母只有一艘排水量 3．6 万吨级的“戴高乐”号核动力航母。“戴高乐”号航空母舰是一艘隶属于法国海军

“戴高乐”号核动力航母

的核动力航空母舰，正式服役于 2001 年 5 月。“戴高乐”号是法国历史上拥有的第 10 艘航空母舰。它的名字源自于法国著名的军事将领与政治家夏尔·戴高乐。“戴高乐”号不只是法国第一艘核动力航空母舰，也是唯一一艘美国海军之外的核动力航空母舰。

为了取代 20 世纪 60 年代建造的传统动力航空母舰“福熙”号与其姊妹舰“克莱蒙梭”号，法国早在 20 世纪 70 年代中期便开始规划下一代航空母舰的建造计划。但实际上，1989 年 4 月，“戴高乐”号的龙骨才在法国船舶建造局位于布雷斯特的海军造船厂安放。由于冷战结束，再加上经济不景气导致的国家财政困难，原定 1994 年服役的“戴高乐”号工期一再延误，直到 1996 年 5 月时才完工下水，就役日程延至 1999 年。2001 年 5 月 18 日，“戴高乐”号正式就役，“9·11”事件后，在美军主导的攻击行动中，“戴高乐”号上的舰载机至少进行了 140 次以上的侦察与轰炸任务。这也是该舰服役以来第一次参与作战任务。

# 意大利的航母

意大利现有“加里波第”号、“加富尔”号和“凯沃尔”号3艘轻型航母。

意大利的形状就像是一只伸入地中海的大皮靴，在战略地位上举足轻重。意大利历来都很重视自身海上力量的发展。意大利海军强大，可以有效地扼制东西地中海，夺取地中海制海权。二战前的意大利由于战略思想有误，始终拒绝发展航母。战后，由于怕受到他国海军的威胁，最终有了轻型航母“加里波第”号的出现。

## “加里波第”号航母

“加里波第”号曾是世界上最小的航空母舰，标准排水量1．01万吨，满载排水量13370吨。它可停放6架型号为AV－88的“鹞Ⅱ”式垂直起降飞机或6架型号为SH－3D的“海王”直升机。全舰编制825人，其中550名舰上人员、230名航空人员，其他为司令部人员。

## “凯沃尔”号航母

意大利海军的第二艘航母“凯沃尔”号在泛安科纳造船厂下水。该航母于2001年夏开始建造。它满载排水量为2．71万吨，全长244米，宽39米，吃水8．7米，航速28节。推进装置为4台通用电气AVIO公司的涡轮发动机，总功率达88兆瓦。一般情况下，“凯沃尔”号航母能搭载12架型号为EH－101D

“凯沃尔”号航母

的直升机和 8 架型号为 AV－8B 的短距起飞垂直降落型飞机。“凯沃尔”号还可搭载型号为 F－35B 的短距起飞垂直降落型“联合攻击战斗机”。

## “加富尔”号航母

2001 年开工建造、2004 年 7 月在热那亚下水的新型航母“加富尔”号于 2007 年开始服役，成为意大利海军的第二代可用于实战的主力战舰。

“加富尔”号航母

# 西班牙的航母

西班牙北临大西洋，东濒地中海，南接直布罗陀海峡，因此，它需要一支以航母为核心的海上力量来担负保卫国家安全和经济发展的重任。

西班牙现有一艘满载排水量1.69万吨的“阿斯图里亚斯亲王”号轻型航母。1979年10月，西班牙巴赞造船公司开工建造该轻型航母。历经10年艰辛，1988年5月3日，这艘航母正式进入西班牙海军服役。

“阿斯图里亚斯亲王”号轻型航母有几个独特之处。一是飞行甲板在主甲板之上，从而形成敞开式机库，这在二战后的航母中是绝无仅有的。其他航母都是飞行甲板与主甲板在同一水平面上，机库是封闭的。二是动力系统只采用2台燃汽轮机，并且是单轴单桨，这在现代航母中同样是独一无二的。为了弥补2台燃汽轮机可靠性低的弱点，该舰在舰中部安装了2台可收放的应急动力装置，由2台588千瓦电机驱动，可提供4~5

“阿斯图里亚斯亲王”号航母

节的航速。三是机库面积较大，达2300平方米，比其他同型航母多出70%，接近法国中型航母的水平。

## 日本的航母

二战期间，日本也是重要的拥有航空母舰的国家。虽然日本战后在军备上受到了限制，但它仍持有建造航空母舰的技术。日本现役的2艘“大隅”级两栖登陆指挥舰被公认为准航母，可以随时改装成航母投入使用。同时，日本还准备再建4艘准航母。另外，日本还有直升机航母。

2007年8月23日，日本的又一艘“准航母”—日本海上自卫队最大型护卫舰“日向”号，在横滨举行下水典礼。“日向”号2009年正式服役，成为日本的主力军舰之一。

编号为“16DDH”的这艘大型护卫舰，排水量达1．35万吨，全长197米，宽33米，时速达30节，搭载350名自卫队员。装备高性能武器，2009年3月加入海上自卫队。这艘造价约8．7亿美元的护卫舰有跑道型飞行甲板，可同时让4架直升机升降，船舱的机库可容纳7架直升机，成为反潜作战直升机的海上据点。另外它具有高度指挥通信机能、海上航空作战指挥能力。

这艘日本最大型的护卫舰装备有舰对空飞弹、20毫米机关炮和鱼雷发射管等武器，成为日本第一艘“直升机航母”型的军舰。

# 第六章　航母战斗群

航空母舰战斗群是美国海军主力舰队的最基本和常用的编成方式。它是以大型航空母舰为核心，集海军航空兵、水面舰艇和潜艇为一体，是空中、水面和水下作战力量高度联合的海空一体化机动作战部队。这种组合具有灵活机动、综合作战能

美国海军航空母舰战斗群

力强、威慑效果好等优点，可以在远离军事基地的广阔海域实施全天候、大范围、高强度的连续作战。

同时，作为美国军事战略的重要支柱，航空母舰战斗群是显示国家力量、支持外交政策、保证国家利益、制止危机和冲突的有效兵力。和平时期，它可以通过军事演习、访问他国军港等活动开展外交与军事合作；危机时期，它可以通过快速部署来实施武力威慑；战争时期，它可以对敌海上和陆上纵深目标实施战术或战略性攻击。

根据平时或者战时以及受威胁程度的不同，美国海军航母战斗群的使用数量也不同。进行海外部署、在低威胁区巡逻或显示力量时，美国海军通常派出一个航母战斗群；在中等威胁区实施威慑、制止危机和参与低强度战争时，一般使用两个航母战斗群；在高威胁区参与局部战争或大规模常规战争时，可能投入 3 个或者 3 个以上的航母战斗群。此外，为了执行海上演习任务，美海军可以根据演习的规模，派出一个或数个航母战斗群。

现在美军航母战斗群的攻击与防卫能力很复杂，大致说来，是用航空母舰运载的战斗机、攻击机、预警机、反潜机或直升机来攻击、防卫或搜索距离航母数百千米之外的敌人；其他的作战舰艇则以保护航空母舰的操作安全为第一任务，其次是支持航空母舰的攻击任务，并且负责人员搜救的工作。

## 航母战斗群的基本建制

航空母舰能如此强大，一方面是因为其本身科技含量很高，另一方面也与它的基本建制有关。虽然航空母舰能投射大量的空中武力，凭借自身的武器装备和配备的战斗机给敌方以猛烈的攻击。但是就舰艇本身而言，它的防御能力相对薄弱，所以需要其他舰艇给予水面与水下的保护，于是各国的海军舰艇都

海军航空母舰平行补给

经过编组，协同作战，相互配合，优势互补。航空母舰战斗群的编制各有不同，以美军航母战斗群为例，它基本上由 1 艘航空母舰、2 艘导弹巡洋舰、2～3 艘驱逐舰、1 艘反潜巡防舰、2 艘攻击潜舰、1 艘补给舰组成。

航母战斗群中的舰艇与舰载机担负的使命和扮演的角色各不相同，但它们的目标是一致的：确保海上运输航道的使用与安全，保护两栖部队的运输与任务的安全执行，共同形成与维持特定地区的空中与海面优势，以武力展示的手段满足国家利益需求，协同进行大规模海空正面对战。

海军航空母舰编队作业

## 航母战斗群的作战编队

20 世纪 80 年代以来，美国海军制定了防空、反潜、攻击、反舰、两栖战、水雷战和后勤支援等 7 种新的作战模式，并据此确定了两种典型的作战编成：航母战斗群和水面战斗群。航母战斗群以航空母舰为核心，配以水面护航兵力、核潜艇以及

美国海军舰空母舰战斗群

后勤作战支援舰艇等，主要使用飞机和中远程导弹对敌海上、空中和地面目标实施攻击；水面战斗群以战列舰为核心，配以水面护卫兵力，主要是以直升机，中、远程导弹和大、中口径火炮，对敌陆、海目标进行轰击。

一般情况下，根据使命任务和威胁环境来确定航母战斗群的作战编成。一个具有较高作战效能和生存能力的航母战斗群一般都具有防空、反潜、反舰和对岸攻击等作战能力。

## 航母战斗群的作战纵深

航空母舰战斗群可以根据战时实际的需要，随时应对来自空中、海面、水下和电磁四维空间的威胁。因此，航空母舰战斗群必须攻防高举，既有强大的威慑力和突击力，同时又具有严密的自身防御能力和强大的生命力。目前，美国航母战斗群从侦察预警到攻击掩护，均形成了空舰一体化、密切协同作战的攻防配系，具有攻防纵深大、层次多和火力强等特点。一个典型的双航母战斗群，通常采取远、中、近三层攻防火力配系，其中第一、二层攻防配系用于对敌攻击和保护整个航母编队安全，第三层则主要负责战斗群内各作战单元的自身防卫。其体系及能力如下：

航空母舰攻防体系的第一层被称作外防区，又称纵深防区。它主要分布在距母舰185～400千米的区域内。在此层防御区中，探测设备为军用侦察卫星、两个预警机中队的8架E－2C预警机、两个侦察机中队的6架RF－14A或RF－4F侦察机。此外，战斗群内的SPY－4A舰载远程对空搜索雷达也可担负一定的防空预警任务。

第一层防线内的主要作战兵力为航母舰载机，其中包括了4个中队近50架携有空空导弹的型号为F－14“雄猫”战斗机和型号为F/A－18E/F“大黄蜂”战斗攻击机，以执行驱逐敌战斗机、夺取并保持舰队制空权、截击敌轰炸机和拦截来袭巡

F/A—18E/F“大黄蜂”战斗攻击机

航导弹等任务，作战半径在700千米以上。6个中队约70架型号A－6E“入侵者”和型号为A－7E“海盗”攻击机，主要执行攻击敌水面舰艇和轰炸敌纵深地面目标的任务。两个中队约20架型号为S－3A/B“北欧海盗”反潜机，配合型号为P－3C“猎户座”岸基大型反潜巡逻机和战斗群中的攻击型核潜艇，在1000千米舰队活动范围内的海域实施反潜作战。两个中队约8架型号为EA－6B“徘徊者”电子战飞机可配合攻击机和战斗机出击作战，实施电子干扰和压制。战斗群内各平台所携约350枚“战斧”巡航导弹可对460千米以内的水面舰艇或2500千米以内的敌地面目标实施常规或核攻击。

航空母舰攻防体系的第二层为中防区，或称作区域防御区，一般距母舰45千米至185千米。此层防御区中，主要探测设备为舰载预警机、侦察机、舰载型号为SPY－1A的相控阵雷达，以及型号为SPS－43及SPS－49等的远程对海对空搜索雷达。主要作战兵力为舰载区域防御武器和舰载直升机，战斗群中各平台携带有约330枚“战斧”巡航导弹和约290枚的可供潜射、空射或空投的、射程为110千米的“鱼叉”中程反舰导弹，担负主要的舰队反舰任务。各护航舰艇所携近600枚射程45～120千米、速度2．5马赫（1马赫＝1126千米/小时）的“标准”I/U型导弹，主要对来袭敌机和导弹进行空中拦截。型号为EA－6B的“徘徊者”电子战飞机在执行防空反导任务时，可部署在母舰外围，对来袭的飞机和导弹实施电子干扰，使攻击失效。战斗群各护航舰艇所携约40架直升机，主要担任中程反潜作战任务，兼顾执行目标指示和搜索救援任务。

第三层为进行近程防御的内防区，或称点防御区，防御纵深为距航空母舰0．1～45千米。在此防御区内，又可分为多个拦截层次：在目标距舰队15千米～45千米时用“标准”舰空导弹拦截；在15千米时，用“海麻雀”舰空导弹拦截；若目标继续突防，距航空母舰6公里时，可使用“拉姆”滚动弹体导弹拦截；最后由“密集阵”多管速射炮（有效射程为1. 5公里）和电子战武器拦截。

## 航母战斗群的战术优势

航空母舰作为目前世界上最先进的“武器”，其在战术上也有很大的优势。以美国为例，美国航母战斗群编成综合作战能力很高，它拥有三大优势。

一是纵深打击优势。美国航母舰载E—2C预警机可在距离航母370千米的空域连续值勤6小时，其机载雷达探测距离为300~700千米，可为舰队提供近30分钟的预警时间。美国一艘航母载机60~90架，其中80%是固定翼作战飞机，作战半径一般都在600千米以上。一个双航母战斗群，可出动由上百架攻击机、战斗机组成的强大机群。

二是多层攻防优势。美航母战斗群除以舰载机作为主要攻击力量和防御力量外，还可集中战斗群中各护航舰艇携多种武器进行自身防御，从而形成多层次的攻防体系。其中，反潜反舰分别设有4道防线，对空防御则在100~400千米的范围内设有6~7道防空反导拦截防线，因此，具有较高的抗炮、攻击能力和杀伤概率。

三是电磁对抗优势。美国航母上配有专用的电子战飞机。舰载电子设备也较先进，加之有E－2C预警机作为空中指挥所，对整个战术行动进行指挥协调。这使得电子侦察、压制和干扰等各种电子战手段运用得当、相互协调、软硬兼施，与整个编队的攻防火力系统配合默契，能牢牢控制战区的电磁权。

## 航母战斗群的战术实施

航空母舰在战术上具有很大的优势，那它的战斗群技术又是怎样实施的呢？我们还以美国航母为例来简要说明一下。

美航母战斗群是具有水面、空中、水下以及电磁多维作战能力的作战编成，需多兵种协同作战。其战术实施复杂，参战兵力和攻击批次较多，战术协调困难。因全球部署、远洋作战往往需要孤军深入，因此，从航渡警戒、战前准备到最后攻击，均要求有一套完整、严密的战术方案。目前，美航母战斗群的战术实施有以下特点：

第一，加强航渡中的侦察警戒，扩大防御范围。为了防备突然袭击，航母战斗群在航行中特别强调防空反潜警戒，组成了一个，以预警和反潜兵力为前导，以防空兵力进行环行防卫的海空一体化的航行序列。战斗群中各护卫兵力全部按编队前进方向呈三角形展开，重点防范空中和水下威胁。

在对空警戒方面，航行序列中的对空警戒主要由 E－2C 预警机、F－14 战斗机和 RF－4G 侦察机完成。其任务是：探明编队周围的潜在威胁，查明威胁的性质和编成，并将有关敌情迅速报告战斗群指挥官。由于空舰导弹射程不断增加，航母战斗群的对空警戒范围也扩大到 500～900 千米。一般部署方案为：2 架 E－2C 预警机部署在距母舰 200 千米左右的 8000～9000 米高空，负责对 500 千米内的海域、700 千米内的空域实施连续监视。6 架 F－14 高性能超音速战斗机部署在编队前进方向上约 350 千米处，执行空中作战巡逻。该机携有射程 110 千米的“不死鸟”空空导弹和射程为 15 千米的“响尾蛇”空空导弹，因而可对距母舰 350 至 450 千米的来袭敌机和巡航导弹进行拦截，并为执行警戒任务的 E－2C 和 S－3 反潜机提供空中保护。RF－4G 侦察机则根据需要定期派往指定海域，进行重点侦察。

这种纵深警戒体系为编队的海上航渡提供了良好的防空条件。但为防备万一，编队常将 3 架 EA－6B“徘徊者”电子战飞机部署在航行序列前方约 100 千米处，用于对未被及早发现或突防的来袭导弹实施电子干扰，使其攻击失效。

各防空型舰艇一般部署在舰队内圈，为了便于机动和各平台使用无源干扰设备（如箔条弹、红外干扰弹等），内圈各护航舰一般采用梳子队形，在距母舰 30 千米半径内展开。

在反潜警戒方面，因潜艇素以“隐蔽歼敌”著称，加之能潜射巡航导弹，对航母战斗群形成巨大威胁。为了防备来自水下的偷袭，航母战斗群在航渡中需努力扩大反潜防卫圈，尽量做到在潜射武器射程之外发现并摧毁敌潜艇。目前，美航母战斗群航行状态下的正常反潜防御范围约为 200 千米。第一道防线是相控侦察、通过卫星及声纳搜索整理准确的目标坐标参数。2 架 S－3 反潜机被部署在距编队两侧或前方约 200 千米处，配合编号为 P－3C 的岸基反潜巡逻机、按一定航线进行反潜巡逻；距母舰 100 至 180 千米处，2 至 4 艘攻击型核潜艇呈弧形部署在战斗群航行序列的前方和侧翼，利用先进的潜艇综合声纳系统，可发现距潜艇 60 千米以上的低速航行潜艇，并使用反潜导弹和鱼雷实施攻击。这可以称作是反潜的第二道防线。主防御区也就是第三道防线的反潜兵力由 3 至 4 艘反潜驱逐舰及各护航舰艇所载反潜直升机组成。

前者装有先进的 SOR－19 拖曳线列阵声纳，部署在距母舰 50 千米左右的位置上；后者一般部署在母舰前方 20 至 30 千米处，使用吊放声纳、声纳浮标和磁探仪及机载、舰载鱼雷，实施战斗群的内层反潜。

第二，组成配合默契的多批次空中攻势。在攻防双方均大量采用高技术武器装备的情况下，在某种程度上可以说，战争的胜负取决于武器的正确使用和战术的灵活性及创造性的充分发挥。美航母战斗群在使用舰载机攻击时，一般分为突击、佯动压制防空兵器、电子干扰、指挥引导、侦察和掩护等 7 个战术群，运用灵活多变的战术，组成多批次攻势，既具有迅猛的攻击力，又能为突击兵力提供极强的掩护力。

第三，依靠高度有效的战术指挥协调系统，组织多批次攻势，实施“外科手术”式的打击。在实施密集突袭或较为复杂的战术行动时，E－2C 预警机便是空中的指挥所，负责作战空域内各参战兵力及战术群间的指挥协调。它可准确掌握时机，实施多批次攻击，并严格掌握各战术群投入战斗的时机，保证各个战术行动的密切衔接。美航母战斗群由 E－2C 负责传递领航各单元，引导各机群进入和占领有利阵位，实施空中管理，并协调各种武器的使用。突击完毕后，E－2C 还可组织各战术群有秩序地撤离，使整个作战突击行动进退迅速，有条不紊，配合默契，并使多兵种兵力发挥最佳整体作战效能。